Oumayma BENADJEL
Nora MIMOUNE
Ratiba BAAZIZI

CRISPR

Oumayma BENADJEL
Nora MIMOUNE
Ratiba BAAZIZI

CRISPR

O outro lado da Ciência

ScienciaScripts

Imprint

Any brand names and product names mentioned in this book are subject to trademark, brand or patent protection and are trademarks or registered trademarks of their respective holders. The use of brand names, product names, common names, trade names, product descriptions etc. even without a particular marking in this work is in no way to be construed to mean that such names may be regarded as unrestricted in respect of trademark and brand protection legislation and could thus be used by anyone.

Cover image: www.ingimage.com

Este livro é uma tradução do original publicado sob ISBN 978-3-659-90630-5.

Publisher:
Sciencia Scripts
is a trademark of
International Book Market Service Ltd., member of OmniScriptum Publishing Group
17 Meldrum Street, Beau Bassin 71504, Mauritius
Printed at: see last page
ISBN: 978-620-2-77887-9

CRIPSR

BENADJEL Oumayma1, MIMOUNE Nora1-2, BAAZIZI Ratiba1

[1] Escola Nacional Superior de Veterinária de Argel, Argélia.
[2] Instituto de Ciências Veterinárias, Laboratório de biotecnologia relacionada com a criação animal, Universidade Saad Dahleb, BP: 270, estrada de Soumaa, Blida, Argélia.

Conteúdos

Lista de quadros

Quadro 1: Terapêutica do cancro decorrente do sistema CRISPR

Quadro 2: Resumo dos diferentes vectores de entrega

Quadro 3: Resumo dos diferentes sistemas de entrega do CRISPR-Cas9

Quadro 4: Veículos de entrega CRISPR e suas limitações

Quadro 5: CRISPR-Cas9: Cronologia dos principais eventos

Quadro 6: Financiamento do CRISPR-Related Research 2011-2018 pelos NIH

Lista de abreviaturas

CRISPR: Repetidos palíndromos agrupados regularmente entrelaçados

Cas: Proteína associada ao CRISPR

ADN: Ácido desoxirribonucleico

RNA: Ácido ribonucleico

PAM: Protospacer motivo adjacente

DS: Cordão duplo

DSB : Pausa dupla

DMD : Distrofia Muscular de Duchenne

FA : Anemia de Fanconi

VIH: Vírus da imunodeficiência humana

CART: Célula T quimérica receptora de antigénios

SpCas9: Streptococcus pyogenes Cas9

CoV: CoronaVirus

SRA: Síndrome Respiratória Aguda Grave

MERS: Síndrome Respiratória do Médio Oriente

2019-nCoV: NovelCoronaVirusem 2019

COVID-19: Doença do Vírus de Corona 2019

CRISPR-based SHERLOCK: CRISPR-based Specific High sensitivity Enzymatic Enzymatic Reporter unLOCKing

NHEJ: Junção Final Não-Homóloga

HDR: Reparação dirigida à homologia

PGD: Diagnóstico genético pré-implantação

IVF: Fertilização in-vitro

NIH: Os Institutos Nacionais de Saúde

Abstrato

Repetidos palíndromos curtos (CRISPR)/sistema associado ao CRISPR (Cas) é um sistema que fornece imunidade à maioria dos organismos procarióticos contra ataques virais e outros corpos estranhos.

Os sistemas Crispr consistem numa proteínatipo tesoura chamada Cas9 e num guia genético GPS "The guide RNA". No entanto, os investigadores reorientaram e redireccionaram esse sistema imunitário primordial para manipular com precisão os genomas na maioria dos organismos, através da introdução de quebras duplas de fios de ADN em locais específicos do genoma para introduzir modificações específicas de ADN.

Mais aplicações do CRISPR surgiram desde a sua descoberta, desde a desactivação de parasitas até à correcção de mutações e à melhoria do rendimento das culturas.

Esta investigação é conduzida como um guia para a tecnologia CRISPR, desde a história da sua descoberta até aos mais recentes avanços.

Espera-se que este estudo forneça uma visão geral para esta tecnologia de mudança de vida e inspire os cientistas a ir mais longe com o CRISPR em prol de uma vida melhor.

Palavras-chave: CRISPR/Cas, ADN, RNA, engenharia do genoma, bactérias, vírus.

Introdução

No início do século XX, médicos e químicos desvendaram segredos do átomo que mudaram o mundo para sempre. Mas a vida continuou a ser um mistério profundo. Entre os segredos mais profundos da vida estava a herança. Todos sabiam que traços como a forma de um peapod ou a cor dos olhos e do cabelo eram transmitidos de geração em geração. Mas ninguém sabia como tal informação era armazenada ou transmitida. Os cientistas estavam convencidos de que tinham de ser uma molécula biológica no centro do processo. E essa molécula tinha de ter algumas qualidades especiais. O desafio de resolver este misterioso "segredo da vida" e, além disso, encontrar uma forma de o editar e alterar, agora conhecido como engenharia genética, foi retomado (Doudna, 2015).

Edição genética antes da descoberta de ADN:

Aengenharia genética é o processo de alteração da composição genética de um organismo, seja ele animal, vegetal ou microorganismo, utilizando certas técnicas biotecnológicas que só existem desde os anos 70. No entanto, a manipulação genética dirigida pelo homem estava a ocorrer muito mais cedo, começando com animais reprodutores e culturas com características benéficas através de: reprodução selectiva, consanguinidade e hibridização

- A criação selectiva é uma técnica que envolve a selecção de pais que têm características de interesse de modo a que os descendentes resultantes tenham características desejáveis.

- Aconsanguinidade é a produção de descendentes a partir da reprodução de indivíduos ou organismos que estão estreitamente relacionados geneticamente. A consanguinidade é útil na retenção de características desejáveis ou na eliminação de características indesejáveis.

- Hibridação que é outra técnica de reprodução que envolve o cruzamento de indivíduos diferentes para reunir as melhores características de ambos os organismos e para criar um híbrido.

Todas estas técnicas ajudaram as pessoas na sua vida diária, por isso começaram a usá-la com tanta frequência, e tornou-se frequente e foi transmitida de geração em geração, no entanto, nunca compreenderam como funciona ou como estes traços são expressos, e os segredos dos genes da humanidade mantidos no desconhecido... até à descoberta do ADN (Ross, 2019).

A descoberta do ADN em 1970 e o início da edição genética:

Vários investigadores durante muitos anos descobriram que no núcleo das nossas células havia uma substância chamada ADN que continha toda a nossa informação genética Como um livro de receitas, contém as instruções para fazer todas as proteínas do nosso corpo. E DNA significa ácido desoxirribonucleico, é constituído por moléculas chamadas nucleótidos unidas para fazer um polinucleótido que forma cada filamento da dupla hélice.

Cada nucleótido contém 3 ingredientes principais: uma molécula de açúcar de carbono 5 (deoxirribose), um grupo fosfato, e uma das quatro bases azotadas (adenina, guanina, timina, e citosina). A ordem destas bases de nitrogénio é a que forma os genes. As 2 vertentes do ADN correm em direcções opostas, e as bases em cada vertente estão ligadas entre si, adenina com timina enquanto que a citosina se liga à guanina. Estas 2 cadeias espiralam-se para criar a hélice. E, para caberem dentro da célula, as bobinas de ADN para formar cromossomas (DNA: Definição, Estrutura e Descoberta, 2017).

Assim que esta descoberta revolucionária aconteceu, os cientistas tentaram manipulá-la utilizando diferentes técnicas como a radiação e as substâncias químicas que causam mutações aleatórias no ADN (anos 60). Nos anos 70, os cientistas descobriram novas tecnologias para sequenciar, copiar e manipular o ADN e começaram a utilizá-las em muitas células diferentes para fins de investigação e médicos (Bagley, 2013).

Estas tecnologias para fazer e manipular o ADN foram realmente promissoras e permitiram avanços na biologia desde a descoberta da dupla hélice de ADN.

Mas até há pouco tempo, tem sido muito difícil obter rapidamente os resultados das suas experiências, porque estas técnicas estavam a levar muito tempo e esforço e por vezes eram ineficientes. Paraalém do facto de que a introdução de modificações específicas do local nos genomas das células e organismos continuava a ser elusiva. As primeiras abordagens baseavam-se no princípio do reconhecimento do ADN específico do local. Mais recentemente, foram desenvolvidas as nucleases dos dedos de zinco (ZFNs) e as nucleases do efeito TAL (TALENs), utilizando os princípios do reconhecimento das proteínas de ADN. Contudo, as dificuldades de concepção, síntese e validação das proteínas continuaram a ser uma barreira à adopção generalizada destas nucleases artificiais para uso rotineiro. (Doudna & Charpentier, 2014).

Mas tudo isto mudou quando apareceu uma nova tecnologia chamada "CRISPR"... e foi como se alguém tivesse pressionado rapidamente no campo da edição de genes: Uma ferramenta simples que os cientistas podem usar para cortar e editar o ADN está a acelerar o ritmo dos avanços que poderiam levar ao tratamento e prevenção de doenças (Doudna & Charpentier,

2014). CRISPR significa "clusters de repetições palíndromas curtas regularmente espaçadas entre si".

Linha temporal da edição de genes (Illman, 2017):

1856 – 1863	Pai da genética	Gregor Mendel
1869	Identificação do ADN	Friedrich Miescher
1953	Descoberta da estrutura do ADN	Francis Crick e James Watson
1961	Quebrar o código de ADN	Marshall Nirenberg
1977	Sequenciação de ADN	Frederick Sanger
1983	Cópia de ADN	KaryMullis
2002	CRISPR	Cientistas holandeses cunharam pela primeira vez o termo CRISPR
2003	Conclusão do projecto do genoma humano	
2005	Descoberta da proteína Cas9	
2012	CRISPR-Cas9 Ferramenta de edição	Jennifer Doudna e Emmanuelle Charpentier

O que é o CRISPR?

Chapter 1   : O que é o CRIPR?

1.1.Definição

Se perguntar "o que é o CRISPR-Cas9?" a resposta curta é que a tecnologia CRISPR é uma nova classe revolucionária de ferramentas moleculares que os cientistas podem utilizar para fazer alterações em qualquer tipo de material genético, envolve a focalização precisa, o corte e a colagem do ADN nas células. Os sistemas Crispr são os métodos mais simples mas poderosos que os cientistas alguma vez tiveram de alterar todas as sequências de ADN na Terra, e os humanos" estão incluídos.

A resposta longa é que CRISPR significa repetiçõespalíndromas agrupadas regularmente entrelaçadas . CRISPRs são sequências de repetição encontradas no código genético das bactérias. São intercaladas com 'espaçadores' - estiramentos únicos de ADN que as bactérias obtêm de vírus invasores, criando um registo genético dos seus encontros maliciosos.

Os sistemas Crispr consistem numa proteína tipo tesoura chamada Cas9 e num guia genético GPS "The guide RNA= gRNA". Tais sistemas inspirados pela natureza e concebidos por investigadores evoluíram naturalmente através do reino bacteriano como uma forma de combater os ataques de vírus e outros corpos estranhos. Mas os investigadores reorientaram e reestruturaram esse sistema imunitário primordial para manipular com precisão os genomas (Doudna, 2015).

1.2.Como descobriu pela primeira vez?

Anos atrás, foram encontradas sequências de repetições palíndromas curtas (CRISPRs), regularmente espaçadas entre si, disseminadas nos genomas de numerosas bactérias. Em 1987, a primeira descrição de um conjunto CRISPR foi feita por investigadores que encontraram repetições de múltiplos pares de bases (bp) que foram intercaladas por sequências de espaçadores não repetitivos bp em Escherichia coli. Em 1995, foram encontradas matrizes semelhantes do CRISPR em Mycobacterium tuberculosis, Haloferaxmediterranei, e outras bactérias e arquebactérias. Foram propostas várias hipóteses para a função do CRISPRs. Mas a sua função como salvaguarda e sistema de defesa contra vírus não foi destacada até 2007, quando alguns grupos de investigação relataram que as sequências de espaçadores continham frequentemente partes de ADN ou plasmídeos derivados de fagos, e com estes agentes extracromosais propuseram que o CRIPR os está a utilizar para mediar a imunidade contra infecções. Outros investigadores também relataram uma correlação negativa entre o número de espaçadores CRISPR no genoma das bactérias e a sua sensibilidade à infecção por fagos. Poucos anos depois, alguns cientistas confirmaram experimentalmente esta hipótese, mostrando que após a invasão de um fago, foram adquiridos novos espaçadores que conferiram resistência contra o fago (Rotem Sorek, 2008).

Em 2012, e através de um projecto de investigação básica sobre como as bactérias combatem as infecções virais, Jennifer Doudna e a sua colega Emmanuelle Charpentier inventaram esta nova tecnologia para editar o genoma utilizando o sistema CRISPR-Cas9 (CRISPR Associated Proteins 9) (Doudna, 2015).

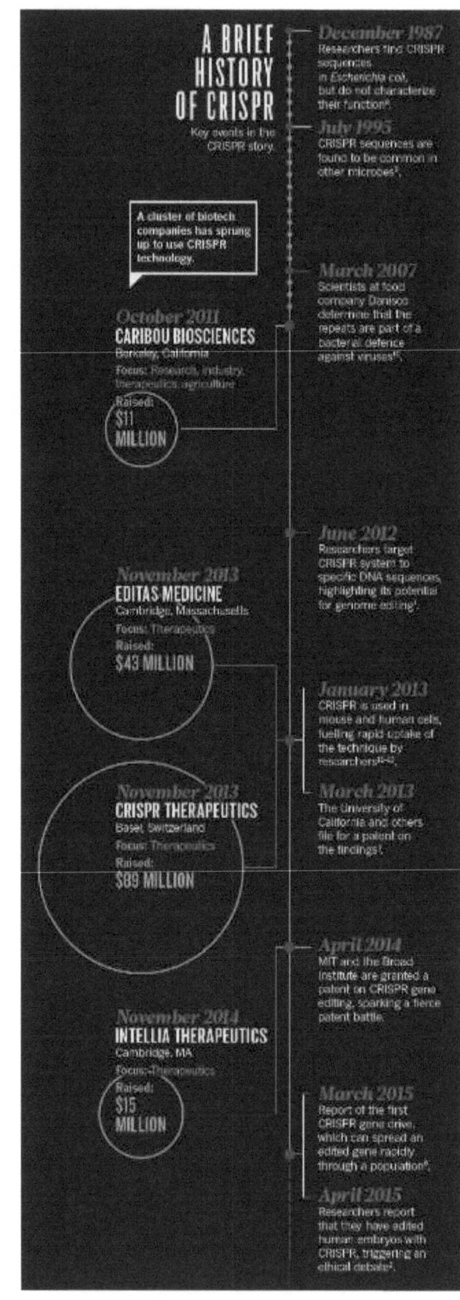

Figura 1: Breve história do CRISPR (Ledford, 2015)

1.3. Como funciona?

> ➢ **O léxico CRISPR**

CRISPR loci: encontram-se apenas no genoma de arquétipos e bactérias, contêm as matrizes CRISPR, incluindo as matrizes CRISPR:

A sequência líder: uma sequência que contém centenas de nucleótidos e onde se inicia a transcrição da matriz CRISPR. Os investigadores descobriram que um loci CRISPR sem a sequência líder é incapaz de incorporar novos espaçadores e de excutar o CRISPR-Expressão e interferência (Sinan Al-Attar, 2011).

Os genes Cas associados.

CRISPR array: sequências de clusters (cluster significa grupos), palíndromos regularmente espaçados (que tem a propriedade de ler o mesmo para a frente e para trás) repete-se no genoma de muitas bactérias e quase todos os arquebactérias.

Estas matrizes são compostas por:

Repete directamente "as repetições palíndromas curtas" que são separadas por espaçadores não repetitivos de tamanho semelhante "protospacer" que se originam de fagos ou plasmídeos e compreendem a "memória imunológica" procariótica (Rotem Sorek, 2008).

Proteínas associadas ao CRISPR (Cas): enzimas que têm um papel na resistência mediada ao CRISPR, existem nucleases, helicases, integrases e polimerases. Estas actividades têm um papel de adição e supressão de novos espaçadores, processamento dos CRISPR-Transcripts e mediação de outros processos de defesa CRISPR. (Sinan Al-Attar, 2011). O Cas9 é um endonuclease encontrado no CRISPR tipo II e guiado por dois RNAs (Jennifer A. Doudna, 2012).

CRISPR RNA (crRNA): gerado a partir dos loci CRISPR. A sua função é guiar as proteínas Cas para silenciar os ácidos nucleicos invasores.

A matriz CRISPR é transcrita para fazer o precursor-CRISPR-RNA (pré-crRNA). Sob o co-processamento do CRISPR-RNA transcrito (tracrRNA) e do RNas III, o amadurecimento do pré-crRNA acontece e torna-se um CRRNA. O duplo tracrRNA crRNA com o Cas9 forma então um complexo para clivar o ADN alvo específico do local (Chylinski & al, 2013). Agora, o tracrRNA duplo:crRNA foi concebido como um RNA-guia único (sgRNA).

Protospacer Adjacent Motif (PAM): algumas sequências curtas de 2-5 pares de bases (bp) encontradas adjacentes a uma extremidade dos protospacer, ligadas à excisão dos protospacer e à sua inserção no CRISPR loci (Shah & al, 2013).

Plasmídeos que realizam uma sequência de protospacer mas nenhum PAM é resistente à clivagem CRISPR-Cas9 (Gasiunas & *al*, 2012)

> ### ➢ Funcionalidade do CRISPR-Cas9

As bactérias têm de lidar com vírus no seu ambiente. Uma infecção por vírus é uma bomba relógio, uma bactéria tem apenas alguns minutos para a difundir, diz Jennifer Doudna. As bactérias têm nas suas células CRISPR como um sistema imunitário adaptativo que permite detectar ADN viral, armazenar um registo do mesmo e destruí-lo após a sua reexposição. (Doudna, 2015).

A resistência mediada CRISPR é um processo multifásico que funciona em três etapas distintas que fornecem ácidos nucleicos exógenos codificados com DNA, mediados por RNA e com uma sequência específica de alvos de ácidos nucleicos exógenos (Barrangou, 2015).

1. Adaptação

Quando o vírus infecta uma célula e injecta o seu ADN, pedaços deste ADN viral são amostrados a partir do invasor pelo sistema CRISPR. As proteínas Cas especializadas inserem-no nos "loci CRISPR" e são adquiridas como novos "espaçadores", servem como um banco de memórias, o que permite às bactérias reconhecer os vírus e combater futuros ataques de certa forma, os espaçadores no CRISPR são um relato do campo de batalha da bactéria ganha (Staedter, 2017). A aquisição dos espaçadores é a primeira etapa da imunização (Barrangou, 2015). Estes pedaços de DNA viral (espaçadores) servirão de registo de infecção ao longo do tempo aos vírus a que foram expostos. Além disso, estes pedaços são passados à descendência da célula (descendência), resultando na protecção contra vírus não só numa geração, como Blake Wiedenheft referiu-se ao CRISPR loci como um cartão de vacinação genética. (Doudna, 2015).

2. Expressão

Após a inserção dos espaçadores, a matriz CRISPR é transcrita e processada para fazer do precursor-CRISPR RNAs (precrRNA) uma réplica exacta do ADN viral. A maturação do pré-crRNA ao crRNA requer a presença de um crRNA trans-activador (tracrRNA) co-processado pelo RNAS III. O produto final é um crRNA com o tamanho de uma unidade espaçador-repetição. (Sinan Al-Attar, 2011).

3. Interferência

Através da homologia de sequência, o tracrRNA:crRNA duplo guia o Cas9 endonuclease. O reconhecimento dos ácidos nucleicos invasores é então feito de forma complementar ao crRNA. O RNAs guia orienta o Cas9 para a focalização específica, clivagem e degradação dos ácidos nucléicos complementares. (Barrangou, 2015). Procura o ADN na célula, e quando são encontrados locais correspondentes, o complexo (tracrRNA:crRNA:Cas9) associa-se ao ADN e permite ao Cas o cutelo cortar o ADN viral, fazendo uma dupla (ds) quebra na hélice do ADN e impedindo a replicação do vírus (Doudna, 2015).

Num encontro repetido com um vírus, uma bactéria pode produzir uma extensão de ARN que corresponda à sequência viral, utilizando o material do seu arquivo espaçador (Doudna, 2015). Finalmente, existe um mecanismo de segurança integrado, que assegura que o Cas9 não corta apenas em qualquer parte de um genoma. As sequências curtas de ADN conhecidas como PAMs "protospacer adjacent motifs" servem como etiquetas e situam-se ao lado da sequência de ADN alvo (Sander & Joung, 2014). São essenciais para a clivagem do ADN alvo durante a fase de interferência .Se o complexo Cas9 não vir um PAM ao lado da sua sequência de ADN alvo, não irá cortar. É uma estratégia que o CRISPR utiliza para se distinguir das sequências não autónomas e essa é a razão pela qual o Cas9 nunca ataca a região do CRISPR em bactérias. As proteínas conhecidas Cas9 visarão apenas sequências de ADN ds seguidas por uma sequência PAM 3′ específica para o Cas9 de interesse. O Cas9dissocia-se rapidamentedo ADN que não contém a sequência PAM apropriada, enquanto que se liga durante mais tempo em locais que contêm uma sequência PAM, com o tempo de permanência dependendo do grau de complementaridade entre o RNA guia e o ADN adjacente. Uma vez que o Cas9 tenha encontrado um local alvo com o PAM apropriado,desencadeia o desenrolamento do ADN da extremidade aproximada do PAM para a extremidade PAM-distal do local alvo (Chen & Doudna, 2017).

Os cientistas tentaram compreender a actividade do cas9 e como poderiam aproveitar a sua função como tecnologia de engenharia genética para oferecer oportunidades de fazer coisas que realmente não foram possíveis no passado. E descobriram que pode ser programada para reconhecer sequências particulares de ADN e fazer uma pausa nesse local, esta actividade é agora utilizada na engenharia genómica. Isto permitiu aos cientistas fazer uma alteração muito precisa no ADN no local onde a pausa foi introduzida. (Doudna, 2015).

E a razão pela qual o sistema CRISPR pode ser utilizado para a engenharia do genoma é que as células têm a capacidade de detectar ADN partido e repará-lo (Eastman & Barry, 1992)Assim, quando uma planta ou uma célula animal detecta uma quebra no seu ADN, fixa-o colando as extremidades do ADN partido ou pode reparar a quebra integrando um novo pedaço de ADN no local do corte. Assim, o CRISPR é a forma de introduzir ds quebras no ADN em locais precisos e pelo qual podemos desencadear células para reparar essas quebras, quer por ruptura ou incorporação de nova informação genética (Doudna, 2015).

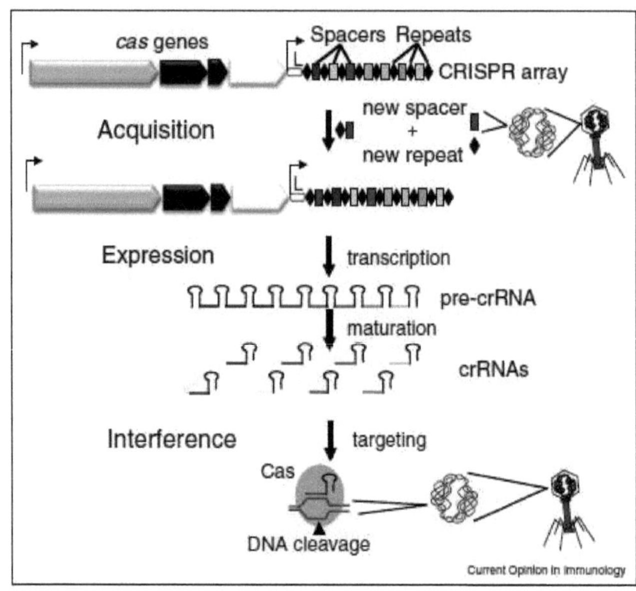

Figura 2: Sistemas imunitários CRISPR-Cas Imunização e interferência codificada CRISPR (Barrangou, 2015)

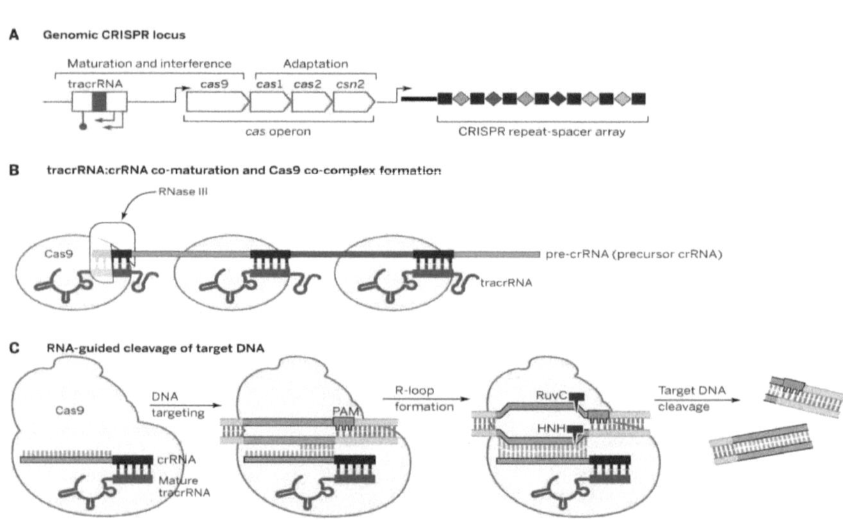

Figura 3: Biologia do sistema tipo II-A CRISPR-Cas de S. pyogenes(Doudna & Charpentier, 2014)

➢ **Engenharia do genoma usando CRISPR**

A tecnologia CRISPR/Cas surgiu como a ferramenta mais popular para as alterações precisas dos genomas de diversas espécies e diferentes modelos de organismos. O sistema CRISPR/Cas9 tomou o mundo da edição de genomas por tempestade nos últimos anos, tornando-o um dos mais quentes avanços tecnológicos. A sua popularidade como ferramenta de alteração de genomas deve-se à capacidade da proteína Cas9 de causar quebras de cadeia dupla (ds) no ADN após a ligação com moléculas de RNA guia curtas, que podem ser produzidas com drasticamente menos esforço e despesas do que as necessárias para a produção de activadores de transcrição como as nucleases effector (TALEN) e as nucleases de zinco-dedo (ZFN). Este sistema tem sido explorado em muitas espécies, desde procariotas a animais superiores, incluindo células humanas, como evidenciado pela literatura que mostra a crescente sofisticação e facilidade do CRISPR/Cas9 , bem como o aumento da variedade de espécies onde é aplicável. Esta tecnologia está preparada para resolver vários problemas complexos de biologia molecular enfrentados na investigação das ciências da vida. A invenção do RNA guia único (sgRNA) através da fusão do crRNA e do tracrRNA foi um importante avanço neste campo porque simplificou a tarefa de programação do Cas9 para criar quebras em sítios específicos de ADN *in vitro* . Na sequência deste avanço, esta tecnologia foi adoptada para a engenharia do genoma em células e diferentes sistemas modelo

O primeiro passo para a alteração genética é a geração precisa de quebras de uma ou duas cordas (SSB ou DSB) no genoma. Os complexos Cas9/sgRNA podem gerar quebras precisas nos genomas de bactérias, leveduras, plantas e animais. CRISPR-Cas9 é a mais recente inclusão na caixa de ferramentas de edição de genoma que já contém (ZFNs) e (TALENs). O sistema CRISPR/Cas9 é actualmente a ferramenta mais desejável para a engenharia do genoma por várias razões. O Cas9 é programado por sgRNAs prontamente concebidos. A facilidade de utilização do CRISPR/Cas9 abriu novas perspectivas para estudar a genómica funcional de diversos organismos de forma mais precisa com menos esforço quando comparada com outras técnicas como TALENs e ZFN a variedade de aplicações está a crescer a um ritmo acelerado para incluir diferentes tipos de knock-outs à escala de um único gene ou genoma, knockings, versões Cas9 activadoras e inibitórias, ferramentas de visualizaçao e até bioquímicas (Ccasar & *al*, 2016).

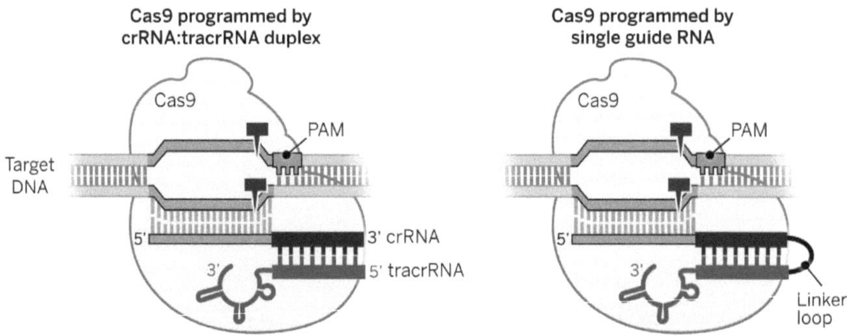

Figura 4: Evolução e estrutura de S. pyogenes Cas9 (Doudna & Charpentier, 2014)

1. Gerar um knockout usando CRISPR

Knockout: Interrupção permanente da função genética num determinado tipo de célula ou organismo sem uma mutação específica preferida.

As nucleases cas permitem modificações genéticas eficientes e precisas através da indução de quebras de dupla cadeia de ADN (DSBs) que estimulam os mecanismos de reparação do ADN celular, incluindo a união final não homóloga (NHEJ) e a reparação dirigida por homólogos (HDR). O complexo Cas9:gRNA liga-se ao ADN alvo para clivar o ADN alvo de 3' a 5'. Depois o Cas9 sofre uma alteração conformacional que posiciona os domínios nuclease (RuvC e HNH) para clivar fios opostos do ADN alvo, o que resulta numa quebra ds. Esta quebra no ADN incita a vias de reparação, o NHEJ eficiente mas sujeito a erro ou o HDR menos eficiente mas de alta fidelidade. O NHEJ é o mecanismo de reparação mais activo que provoca pequenas inserções/deleções de nucleótidos nos locais de ruptura ds. Aparecem diversos conjuntos de mutações que causam a inserção/delecção/ mutação de aminoácidos que levam à paragem prematura dos códons dos genes alvo. O resultado ideal é uma mutação de perda de função dentro do gene alvo, resultando na eliminação do fenótipo (Chen & al, 2015).

2. Melhorar a especificidade com Nickases

O Cas 9 gera ds através da actividade combinada dos dois domínios nuclease RuvC e HNH. O Casnickase é outra vantagem do CRISPR que pode ser convertido num nickase que cria quebras de cadeia única (ss), retendo apenas um domínio de nuclease e gerando um nick de ADN em vez de uma quebra ds. Qualquer um dos dois domínios endonuclease do Cas9, HNH e RuvC pode ser mutado para formar nickases. Isto transforma o complexo Cas9 num nicking endonuclease específico de uma vertente (Gasiunas& *al*, 2012).

3. Activação ou repressão de genes alvo usando CRISPR

Repressão (knockdown): reduzir a expressão de determinado(s) gene(s) sem modificar permanentemente o genoma.

Activar (CRISPRa): aumentar a expressão de um gene(s) endógeno(s) sem modificar permanentemente o genoma.

Os domínios RuvC e HNH podem ser tornados inactivos por mutações pontuais, resultando numa molécula Cas9 (dCas9 sem actividade de endonuclease) morta por nuclease, que não pode clivar o ADN alvo. A molécula dCas9 retém a actividade de ligação ao ADN alvo com base na sequência de alvos do gRNA. Este sistema é chamado interferência CRISPRi (CRISPRi). As primeiras experiências demonstraram que o direccionamento do dCas9 para locais de início de transcrição era suficiente para reprimir a transcrição através do bloqueio da iniciação. O dCas também pode ser marcado com repressores ou activadores transcripcionais (Gilbert & *al*, 2013), e o direccionamento destas proteínas de fusão dCas9 para a região promotora (a secção de ADN que controla a iniciação da transcrição do RNA) resulta numa repressão ou activação transcripcional de rebustos (pode upregular a expressão endógena em células humanas (Cheng & al , *2013),* dos genes-alvo a jusante (na direcção do fim do 3'). Os activadores e repressores mais simples baseados no dCas9, consistem no dCas9 fundido directamente a um único activador ou repressor transcripcional. É importante notar que, ao contrário das modificações genómicas induzidas pelo Cas9 ou Cas9 nickase, a activação ou repressão genética mediada pelo dCas9 é reversível, uma vez que não modifica permanentemente o DNA genómico (Qi & *al*, 2013).

4. Edição de base CRISPR sem quebras de fio duplo

A edição de base é uma abordagem diferente da edição do genoma que permite as mutações directas, programáveis, de pontos-alvo sem induzir quebras ds pela conversão de um par base C:G para T:A par base.

Os editores de base CRISPR fundem Cas9 nickase ou dCas9 a uma desaminase de ctidina. Os editores de base podem converter ctidina em uridina dentro de uma pequena bolha de ADN de fio único, num locus guia especificado pelo RNA, perto do local do PAM . A reparação da excisão de base (BER) éa resposta primária da célula aos desajustes G:U, criando uma mudança C->T (ou G->A na vertente oposta) de conversão em células de mamíferos e plantas. Além disso, novos editores de base foram concebidos para converter adenosina em inosina, que é tratada como guanosina pela célula, criando uma   alteração A->G (ou T->C) eficiente e permanente na vertente oposta (Rees & al; *Komor &* al, 2017).

5. Modificação epigenética usando CRISPR

A epigenética tem vários significados. Para Conrad Waddington, foi o estudo da epigenese: ou seja, como os genótipos dão origem a alterações fenotípicas hereditárias sem alterar a sequência de ADN (Waddington, 1957).

As enzimas Cas podem ser fundidas em modificadores epigenéticos para criar ferramentas de engenharia epigenómica programáveis que poderiam ser usadas para controlar com precisão o fenótipo celular ou a relação entre o epigenoma e o controlo transcripcional. Tal como os activadores e repressores CRISPR, estas ferramentas alteram a epressão genética sem induzir uma quebra ds. No entanto, são muito mais específicas para modificações particulares de cromatina e DNA, permitindo aos investigadores isolar os efeitos de uma única marca epigenética. Outra vantagem potencial das ferramentas epigenéticas do CRISPR é a sua persistência e herança. Pensa-se que os activadores e repressores do CRISPR são reversíveis uma vez que o efector é inactivado/ removido do sistema. Em contraste, os modificadores epigenéticos podem ser mais frequentemente herdados pelas células filhas (Hilton & *al*, 2015).

6. Visualizar loci genómico usando fluoróforos

A rotulagem por fluorescência do ADN genómico endógeno pelo CRISPR utilizando um dCas9 simplificou grandemente o estudo da organização espacial do genoma em células vivas com numerosas vantagens sobre outras técnicas, incluindo a simplicidade de programação para visar amplas matrizes de sequências genómicas deferentes, mesmo detectando múltiplos loci genómicos. Este método oferece uma detecção única da dinâmica da cromatina em células vivas (Ma & *al*, 2015)

7. . Engenharia do genoma multiplex com CRISPR

O CRISPR cas9 permite o direccionamento simultâneo de loci genómicos múltiplos. Esta característica de multiplexagem utiliza sequências de RNA guia múltiplas que podem ser codificadas numa única matriz CRISPR para permitir a edição simultânea de vários locais dentro do genoma dos mamíferos, demonstrando fácil programabilidade e ampla aplicabilidade da tecnologia de nuclease guiada por RNA.

a capacidade de realizar a edição do genoma multiplex em células de mamíferos permite aplicações poderosas em toda a ciência básica, biotecnologia, e medicina (Cong *& al*, 2013).

8. RNA visando

Em algumas bactérias, os sistemas tipo VI CRISPR reconhecem o RNA de cadeia única (ssRNA) em vez do dsDNA. O RNA-guiado de RNA tipo VI CRISPR é capaz de atingir e degradar o RNA altamente eficiente e específico em células de mamíferos.

Os sistemas tipo VI CRISPR-Cas contêm o Cas13 de libertação de ribonuclease guiado por RNA mono-efector programável. Semelhante ao Cas9, Cas13 pode ser convertido e ligado à proteína de RNA através da mutação do seu domínio catalítico (Cox *& al*, 2017).

9. Gene Drive

As unidades Gene são uma aplicação particularmente poderosa da tecnologia CRISPR. São elementos genéticos que se inserem em sítios alvo sem esse elemento, convertem alelos heterozigotos em alelos homozigotos dentro de um organismo, permitindo ao CRISPR num cromossoma copiar-se a si próprio para o seu parceiro em cada geração. Em organismos que apoiam a reprodução sexual, as unidades genéticas permitem a herança não-mendeliana de alelos que se podem espalhar por uma população. Normalmente, uma alteração genética num organismo demora muito tempo a espalhar-se por uma população. Isto porque uma mutação levada a cabo num dos pares de cromossomas é herdada apenas por metade da descendência. Mas um impulso genético permite uma mutação feita de modo que quase todos os descendentes herdarão a mudança. Esta propagação pode ser rápida para espécies com curtos períodos de reprodução e pode varrer rapidamente um gene editado através de uma população. Isto significa que irá acelerar através de uma população exponencialmente mais rápido do que o normal. Uma mutação engendrada num mosquito poderia propagar-se através de uma grande população dentro de uma estação Se essa mutação reduzisse o número de descendentes de um mosquito produzido, então a população poderia ser dizimada, juntamente com quaisquer parasitas da malária que carregue. O trabalho está numa fase inicial, mas tal técnica poderia ser utilizada para eliminar os mosquitos ou carraças portadores de doenças, eliminar plantas invasoras ou erradicar a resistência aos herbicidas (Komor*& al*, 2016).

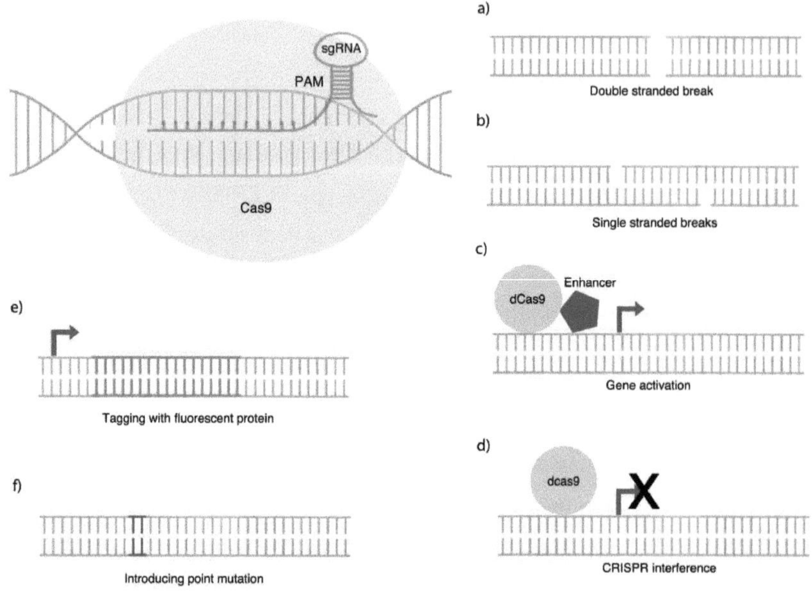

Figura 5: Visão geral dos possíveis desenhos experimentais do CRISPR/Cas9 (Ceasar & *al*, 2016)

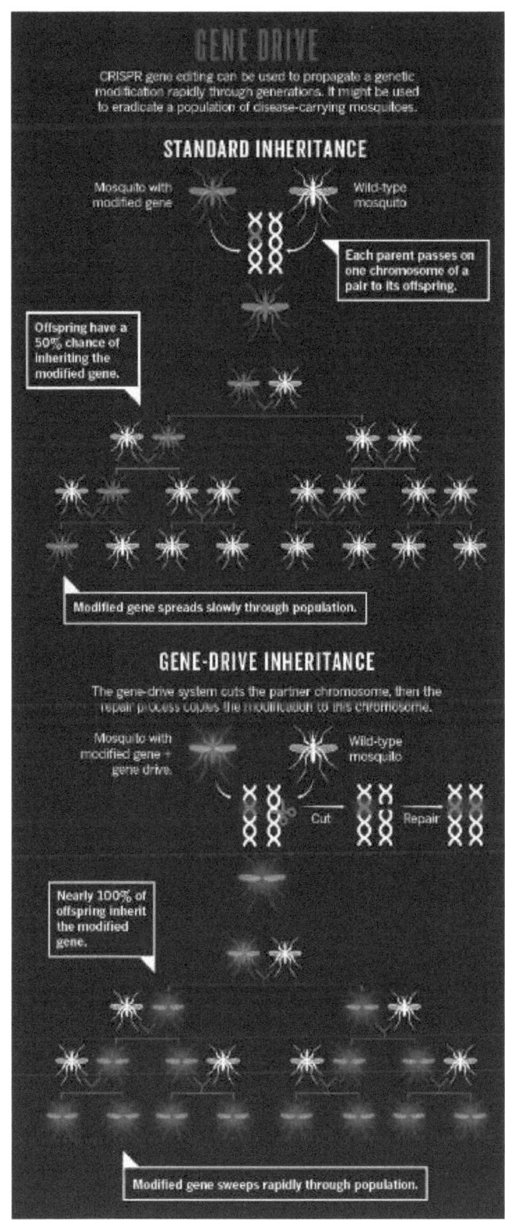

Figura 6: Unidades Gene (Ledford, 2015)

Aplicação do CRISPR

Chapter 2   : Aplicações CRISPR

O CRISPR é incrivelmente poderoso. Já trouxe uma revolução à vida quotidiana na maioria dos laboratórios, disse o biólogo molecular Jason Sheltzer. A clivagem programável do ADN usando o CRISPR-Cas9 permite uma engenharia de genoma eficiente e específica do local em células únicas e organismos inteiros. Tem sido utilizado de várias maneiras, para aliviar doenças genéticas em animais e é provável que seja utilizado em breve na clínica para tratar doenças humanas. (Barrangou & Doudna, 2016). É claro que os humanos não são a única espécie com um genoma. O CRISPR também tem aplicações em animais e plantas, desde a desactivação de parasitas, até à melhoria do rendimento das culturas.

Aqui, damos uma vista de olhos aos recentes avanços que demonstram as capacidades do CRISPR.

2.1. Combatente de doenças
2.1.1. Cancro

A terapêutica do cancro resultante do sistema CRISPR, tal como citado por vários autores.

Cancer type	Modification	Contribution to therapy	Authors/(Refs.), year	Journal
Breast cancer	Knock-out of miR-644a	Inhibition of tumor growth, metastasis, and drug resistance	Raza *et al* (227), 2016	Oncotarget
Breast cancer	Knock-out (KO) BC200 lncRNA by CRISPR system	BC200 may serve as a prognostic marker and possible target for attenuating deregulated cell proliferation in estrogen-dependent breast cancer	Singh *et al* (228), 2016	Cell Death and Disease
Endometrial cancer	Knock-out of *MUC1* at cells by CRISPR system	Concomitant decrease of MUC1 and EGFR can be prognostic markers in human endometrial tumors	Engel *et al* (229), 2016	Oncotarget
Lung adenocarcinoma and endometrial carcinoma	Deletion of super-enhancers 3' to *MYC* in cells by using CRISPR system	Super-enhancers stimulate cancer driver genes in diverse types of cancer	Zhang *et al* (230), 2016	Nature Genetics
Endometrial cancer	*ERα*-null endometrial cancer cells	Inverse relationship between the tumor suppressor PR and the oncogene Myc in endometrial cancer	Kavlashvili *et al* (231), 2016	PLOS One
Prostate cancer	*NANOG* and *NANOGP8* knockout DU145 prostate	Attenuation of malignant potential of prostate cancer	Kawamura *et al* (232), 2015	Oncotarget
Prostate cancer	*NANOG* and *NANOGP8* knockout DU145 prostate cancer cell lines	Attenuation of malignant potential of prostate cancer	Kawamura *et al* (232), 2015	Oncotarget

Quadro 1: Terapêutica do cancro resultante do sistema CRISPR (**STELLA & *al*, 2018**)

2.1.2.   VIH

O VIH ainda infecta mais de 35 milhões de pessoas em todo o mundo de acordo com a Global
Health

Dados do Observatório (actualizados em Novembro de 2017). O vírus não só infecta as células
muito imunes do corpo que atacam os vírus, como também é um notório mutante. Actualmente,
a terapia anti-retroviral altamente activa (HAART) é capaz de suprimir a infecção pelo VIH
abaixo dos níveis detectáveis em doentes com VIH. No entanto, a HAART é limitada no seu
elevado custo, adesão do paciente, efeitos secundários daterapia a longo prazo, emergência de
resistência aos medicamentos. E acima de tudo, não cura a infecção pelo VIH. Por conseguinte,
há uma necessidade contínua de desenvolver terapêuticas e estratégias de cura mais eficazes
para a infecção pelo VIH (Yin & al, 2018). Os investigadores estão agora a utilizar o CRISPR
para cortar o vírus da célula que estava a infectar, fechando a capacidade de replicação do vírus.
A primeira utilização da técnica CRISPR para erradicar o vírus HIV foi em 2017, onde
demonstraram uma forma de eliminar o HIV das células infectadas, resultando numa redução
da expressão viral do RNA e numa excisão proviral bem sucedida (Yin & al, 2017). Uma das
técnicas utilizadas foi a inibição das sequências de codificação genética, que resultou numa
forte inibição do VIH-1 por Cas9/gRNA. Esta inibição foi obtida devido às deleções que foram
introduzidas no ADN viral devido à clivagem Cas9 no citoplasma e no núcleo (Yin & al, 2018).

2.1.3.   Fibrose Cística

A fibrose cística é uma doença genética progressiva que tem origem em mutações no   gene
CFTR (cystic fibrosis transmembrane conductance regulator)   no tracto gastrointestinal e
pulmonar. As mutações no gene CFTR (cystic fibrosis transmembrane conductance regulator)
causam a   disfunção da proteína CFTR, que é um canal iónico que regula o transporte de
fluido epitelial . Os alelos de perda de função levam a uma acumulação de muco (um muco
espesso e pegajoso) no tracto gastrointestinal e pulmonar, causando uma série de sintomas tais
como dificuldades de respiração e infecções recorrentes. Nos pulmões, o muco obstrui as
vias respiratórias e prende germes, como bactérias, levando a   infecções,   inflamações,

insuficiência respiratória, e outras complicações. (Savić & Schwank, 2015). Foi recentemente demonstrado que o gene do receptor transmembrana da fibrose cística transmembrana (CFTR) pode ser corrigido através do uso do CRISPR-Cas9. Os resultados obtidos foram possíveis através da focalização do gene CFTR em células estaminais intestinais isoladas de pacientes com fibrose cística (Schwank& *al*, 2013).

2.1.4. Doença de Huntington

Uma doença neurodegenerativa genética fatal que provoca a deterioração dos nervos no cérebro ao longo do tempo. A condição resulta de um gene defeituoso que se torna maior do que o normal e produz uma forma maior do que o normal de uma proteína chamada huntingtin. A proteína alongada é cortada em fragmentos menores e tóxicos que se ligam e se acumulam nos neurónios, perturbando as funções normais destas células. Este processo afecta particularmente regiões do cérebro que ajudam a coordenar o movimento e a controlar o pensamento e as emoções. A disfunção e eventual morte dos neurónios nestas áreas do cérebro estão subjacentes aos sinais e sintomas da doença de Huntington. Embora a supressão da expressão do HTT mutante (mHTT) tenha sido explorada como estratégia terapêutica para tratar a doença de Huntington (Shin & *al*, 2016). Foram envidados esforços consideráveis para desenvolver a supressão da expressão do mHTT específica dos alelos. Investigadores relataram que inverteram a doença através da supressão permanente da expressão endógena do mHTT em ratos de laboratório que tinham sido concebidos para ter um gene humano mutante da caça ao rato em vez de um gene de caça ao rato. A inactivação mediada por CRISPR/Cas9 foi utilizada eficazmente para retirar parte do gene mutante da caça que produz os bits tóxicos, o que resultou na evacuação dos agregados HTT e atenuou a neuropatologia precoce. A redução da expressão de mHTT nas células neuronais em ratos adultos não afectou a viabilidade, mas atenuou os défices motores. Este estudo sugeriu que a edição genética mediada por CRISPR/Cas9 poderia ser utilizada para eliminar de forma eficiente e permanente a toxicidade neuronal mediada pela expansão genética no cérebro adulto e os resultados obtidos mostraram o potencial do CRISPR para ajudar a combater esta condição (Yang & *al*, 2017).

CRISPR e COVID-19

Doença de Coronavírus de 2019

Os coronavírus são uma grande família de vírus que podem causar doenças em animais ou seres humanos. Nos seres humanos, sabe-se que os vírus corona múltiplos causam infecções respiratórias que vão desde a constipação comum a doenças mais graves tais como a Síndrome Respiratória do Médio Oriente (MERS) e a Síndrome Respiratória Aguda Grave (SARS). Pela terceira vez em tantas décadas, um coronavírus zoonótico cruzou espécies para infectar populações humanas. Este novo vírus e doença eram desconhecidos antes do início do surto em Wuhan, China, em pessoas expostas a um mercado de marisco ou de molhos, em Dezembro de 2019. Às 9 horas, 7 de Janeiro de 2020, o vírus foi identificado como um novo vírus corona e nomeado oficialmente pela OMS como 2019-nCoV, o novo vírus corona em 2019. A COVID-19 é agora uma pandemia que afecta muitos países a nível mundial (P&R sobre coronavírus (COVID-19), 2020)

A informação fornecida pelas comunidades chinesas de saúde pública, clínica e científica facilitou o reconhecimento da doença. Tal como os surtos causados por dois outros coronavírus respiratórios humanos patogénicos (SRA) e (MERS), 2019-nCoV causa doenças respiratórias que são frequentemente graves. Em 24 de Janeiro de 2020, havia mais de 800 casos notificados, com uma taxa de mortalidade de 3%. Globalmente, a partir das 16:03h CEST, 30 de Junho de 2020, registaram-se 10.185.374 casos confirmados de COVID-19, incluindo 503.862 mortes, notificados à OMS (Doença de Coronavírus da OMS (COVID-19) Dashboard, 2020).

Após a sequenciação do genoma viral, a informação fornecida mostrou que é 75 a 80% idêntica à SRA e relacionada com numerosos morcegos coronavírus. Pode ser espalhado nas mesmas células que atraem os vírus da SRA e MERS, mas notavelmente, 2019-nCoV cresce melhor em células epiteliais primárias das vias aéreas humanas, ao contrário da SRA ou MERS (Perlman, 24 de Janeiro de 2020).

A estrutura da COVID-19

Oscoronavírus sãogenomas do vírus RNA deum sósentido, não segmentados e de sentido positivo. É o maior genoma viral conhecido de RNA com um tamanho que vai de 26 a 32 kilobases,. O virião tem um nucleocápside composto de RNA genómico e proteína nucleocápside fosforilada (N), que é coberta com camadas de fosfolípidos e ornamentada por dois tipos diferentes de proteínas de pico: o aparador de glicoproteína de pico (S) que pode ser encontrado em todos os CoV, e a hemaglutina-esterase(HE) que existe em alguns CoV. A proteína da membrana (M) (uma glicoproteína transmembrana tipo III) e a proteína do envelope

(E) estão localizadas entre as proteínas S do envelope do vírus. As CoVs receberam o seu nome com base na aparência característica que se assemelha a uma coroa. A estrutura do virião CoV é mostrada na Figura 7 (Li, et al., 2020).

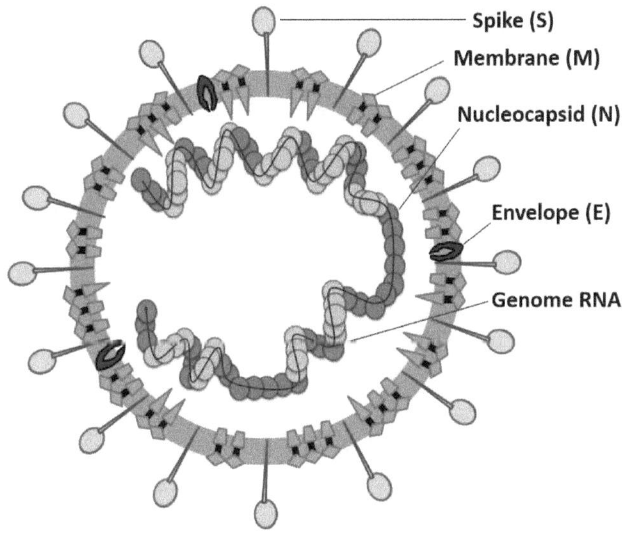

Figura 7: Partícula de coronavírus. (Li, et al., 2020)

Autorizar a utilização da ferramenta de diagnóstico CRISPR durante a pandemia

O recente surto do novo coronavírus COVID-19 pode ser diagnosticado utilizando o qPCR, mas o esgotamento do stock de reagentes e equipamentos tem atrasado a detecção de doenças em algumas áreas. Para reduzir a escassez e aumentar os testes, a U.S. Food and Drug Administration concedeu a sua primeira autorização de utilização para a tecnologia de edição de genes CRISPR a 7 de Maio de 2020. O kit foi aprovado ao abrigo das disposições de "utilização de emergência", e deverá ajudar a aliviar os atrasos nos testes no país. A média de testes atingiu quase 250.000 testes por dia, causando escassez em alguns locais. Este teste de diagnóstico corona com luz verde, desenvolvido pela Cambridge, Massachusetts Sherlock Biosciences, é o primeiro uso autorizado da tecnologia CRISPR para um teste de doenças infecciosas. (Guglielmi, 2020)

O Kit Sherlock CRISPR SARS-CoV-2 é um teste de diagnósticoSHERLOCK (Specific High sensitivity Enzymatic Enzymatic Reporter unLOCKing)baseado em CRISPR. Funciona através da programação da máquina CRISPR para detectar um fragmento do material genético da SRA-CoV-2 (quer seja ADN ou ARN) em amostras como é utilizado para ensaios qRT-PCR (em amostras respiratórias superiores, tais como esfregaços nasais, eamostras de lavagem bronco-alveolar, tais como de fluido nos pulmões), de indivíduos suspeitos de COVID-19 (Bloco, 2020). Se o material genético do vírus for encontrado, uma enzima CRISPR gera um brilho fluorescente. O teste pode retornar resultados em cerca de uma hora utilizando uma vareta, de acordo com a empresa. (Guglielmi, 2020)

O protocolo de detecção SHERLOCK COVID-19 funciona em três etapas, começando pela extracção do ácido nucleico como utilizado para os testes qRT-PCR:

Passo 1: (25 min de incubação) amplificação isotérmica da amostra de ácido nucleico extraído utilizando um kit de amplificação de polimerase recombinante (RPA) disponível comercialmente.

Passo 2: (30 min de incubação) detecção de sequência pré-amplificada de RNA viral usando Cas13.

Passo 3: (2 min. de incubação) leitura visual do resultado da detecção a olho nu utilizando uma vareta de papel disponível comercialmente (Zhang, Omar, & Jonathan, 2020).

Além da ferramenta de diagnóstico, o CRISPR pode ser utilizado como terapêutico para combater a COVID-19. Ao activar e inactivar os diferentes genes das nossas células, podemos compreender melhor como o coronavírus infecta as células, esta forma pode levar à descoberta de um medicamento para curar a doença ou mesmo para destruir o vírus. (Li W. , 2020).

2.2. Corrector de mutações

2.2.1.   Cegueira

Uma das causas mais comuns da cegueira infantil é uma condição chamada amaurose congénita Leber, que afecta cerca de 2 a 3 por 100.000 recém-nascidos, a LCA é um grupo de doenças hereditárias da retina que causam cegueira ou perda grave da visão na primeira infância. A condição é causada por mutações que levam à degeneração e/ou disfunção dos fotorreceptores, as células da retina que tornam a visão possível. Os fotorreceptores captam a luz, convertendo-a em sinais eléctricos que são enviados para a parte de trás do cérebro para criar as imagens que vemos. Mutações num de mais de duas dúzias de genes podem causar LCA (Fundação Fighting Blindness , 2017). Um estudo explorou o potencial da edição genética mediada pelo CRISPR/Cas9 para corrigir a mutação. Onde mostrou que a utilização do sistema CRISPR poderia corrigir eficazmente a mutação através da eliminação dos genes mutantes. Estes investigadores utilizaram a estratégia do CRISPR-Cas como tratamento e notaram uma notável redução no número de células mutantes. Estes resultados mostraram o potencial terapêutico das estratégias CRISPR-Cas no tratamento de pacientes com LCA (Ruan& *al*, 2017).

2.2.2.   Distrofia Muscular de Duchenne

A distrofia muscular de Duchenne (DMD) é uma condição debilitante que se desenvolve devido a uma mutação nos genes mais longos do corpo, que codificam a proteína da distrofina. Devido à mutação no gene da distrofina, o corpo não faz uma forma funcional da proteína distrofina, que é essencial para a saúde das fibras musculares e para a integridade das membranas das células musculares dos músculos estriados. Ao longo do tempo, a falta desta proteína causa degeneração muscular progressiva e fraqueza.Não existe um tratamento eficaz para esta doença. Têm sido tentadas inúmeras abordagens para salvar a expressão da distrofina na DMD. Contudo, estas abordagens não podem corrigir as mutações da*DMD* ou restaurar permanentemente a expressão da distrofina (Pichavant *& al*, 2011).
Em Abril de 2017, uma equipa de investigadores utilizou o CRISPR para encontrar formas de combater a distrofia muscular de Duchenne. Tinham usado uma variação da ferramenta CRISPR, chamada CRISPR-Cpf1 (CRISPR de *Prevotella* e *Francisella)*, para corrigir a mutação que causa a distrofia muscular de Duchenne. Fixaram o gene em células humanas que cresciam em pratos de laboratório e em ratos portadores do gene defeituoso através da eliminação de parte do Exon nesse gene mutado. Mostraram que o Cpf1 fornece um sistema robusto e eficiente de edição do genoma guiado por RNA que pode ser utilizado para corrigir permanentemente as mutações *DMD* através de diferentes estratégias, restaurando assim a expressão da distrofina e impedindo a progressão da doença . Estas descobertas mostraram a

eficiência da correcção mediada por Cpf1 de mutações genéticas em células humanas e um modelo de doença animal e representam um passo significativo para a tradução terapêutica da edição genética para correcção da DMD (Zhang & *al*, 2017).

2.2.3.   Anemia de Fanconi

Aanemia de Fanconi (FA) é uma doença genética rara com vários subtipos de FA que resulta da herança de duas mutações de genes em cada um de pelo menos 18 genes diferentes. É classificada na categoria de síndromes de falência da medula óssea hereditária e é uma condição que afecta muitas partes do corpo, tais como bebés de tamanho pequeno à nascença, polegares e/ou ossos radiais anormais, pigmentação cutânea, cabeças pequenas, olhos pequenos, estruturas renais anormais, e anomalias cardíacas e esqueléticas. Pessoas com esta condição podem ter falência da medula óssea com uma deficiência progressiva de toda a produção de células sanguíneas na medula óssea, glóbulos vermelhos, glóbulos brancos e plaquetas, anomalias físicas, defeitos de órgãos, e um risco aumentado de certos cancros como a leucemia mielóide aguda (LMA). (Anemia de Fanconi, 2014).

A edição do genoma Cas9-mediada tem sido utilizada para corrigir as mutações nesta doença onde alguns investigadores empregaram fibroblastos derivados de um paciente com anemia de Fanconi como modelo para testar a capacidade do sistema de nuclease CRISPR/Cas9 para mediar a correcção genética. Mostraram que a nuclease Cas9 e a nickase resultaram na correcção do gene, mas a nickase, devido à sua capacidade de mediar preferencialmente a reparação dirigida por homólogos, resultou numa maior frequência de genes corrigidos (Osborn & *al*, 2015).

Estes estudos demonstram colectivamente progressos significativos no desenvolvimento de tratamentos para doenças genéticas. Quase todas as doenças genéticas e mesmo potenciais curas para elas (Komor & *al*, 2016).

2.3.Melhoria da vida

2.3.1.   Aplicações agrícolas

Tal como o CRISPR pode ser utilizado para modificar os genomas de humanos e animais, em 2013, a sua aplicação em plantas foi conseguida com sucesso. Este avanço abriu muitas novas oportunidades para os investigadores, incluindo a oportunidade de obter uma melhor compreensão dos sistemas biológicos vegetais mais rapidamente (Barrangou& Doudna, 2016).

A utilização dos sistemas CRISPR/Cas abrange várias aplicações, desde a tolerância ao stress biótico até à tolerância ao stress abiótico, e inclui também as realizações de melhoria do rendimento, biofortificação e melhoria da qualidade das plantas através da redução de doenças em algumas culturas e torna outras mais robustas . O grupo mais importante de aplicações alvo relaciona-se com características de rendimento seguidas pela obtenção de tolerância ao stress biótico ou abiótico. A tolerância ao stress biótico inclui a tolerância induzida a doenças virais, fúngicas e bacterianas. Quanto à tolerância ao stress abiótico, os dois principais objectivos são a obtenção de tolerâncias ao herbicida e ao stress ambiental natural. O stress ambiental inclui o frio, o sal, a seca e o stress de azoto. Todas estas melhorias de características estão relacionadas com os desafios económicos e agronómicos enfrentados pelos agricultores como agentes patogénicos, e as condições ambientais são ameaças importantes que têm de ser enfrentadas na agricultura. Além disso, os criadores de plantas estão continuamente a tentar aumentar o desempenho da produção. A cultura mais estudada é o arroz (Oryza sativa) seguido de outras culturas importantes: milho (Zea mays), tomate (S. lycopersicum), batata (Solanumtuberosum), cevada (Hordeumvulgare) e trigo (Triticumaestivum).

Os seres humanos têm vindo a melhorar o rendimento e a resistência às doenças das culturas e a melhorar a qualidade e quantidade da nutrição durante centenas de anos através de métodos agrícolas tradicionais baseados em Lucky hits. Mas agora os cientistas utilizaram o CRISPR para fazer modificação genética de plantas alimentares, que é conhecida no mundo da ciência como OGM (organismos geneticamente modificados), esses organismos são criados em laboratório utilizando técnicas de engenharia genética . Estas técnicas consistem em remover um ou mais genes do ADN de outro organismo, tais como bactérias, vírus, animais ou plantas, e "recombiná-los" no ADN da planta que pretendem alterar. Ao adicionar estes novos genes, os engenheiros genéticos esperam que a planta expresse os traços associados aos genes. Por exemplo, os engenheiros genéticos transferiram genes de uma bactéria conhecida como BT para o ADN do milho. Os genes BT expressam uma proteína que mata os insectos, e a transferência dos genes permite ao milho produzir o seu próprio pesticida Ricroch & al, 2017).

2.4.Edição de embriões humanos

A rapidez com que os estudos baseados no CRISPR podem passar da hipótese ao resultado é espantosa. As experiências que antes levavam meses, agora levam semanas. E como estas experiências foram feitas em espécies diferentes, tentaram aplicar algumas em embriões humanos primitivos. Em 2107, um relatório emitido pelas Academias Nacionais de Ciências e Medicina recomenda que as experiências em embriões humanos podem ser feitas, mas sob certas condições e a alteração das células em embriões, óvulos e esperma era eticamente admissível desde que fosse feita para corrigir uma doença ou uma deficiência, não para melhorar a aparência física ou as capacidades de uma pessoa, mas para impedir que doenças genéticas fossem transmitidas às gerações futuras. (Saey, 2017).

Mais de 10.000 doenças hereditárias foram identificadas, afectando milhões de pessoas em todo o mundo e muitas vezes não existem curas para estas doenças. A correcção de defeitos genéticos causadores de doenças em zigotos humanos era anteriormente impensável porque a eficiência seria demasiado baixa para ter qualquer valor prático. O CRISPR/Cas9 oferece, pela primeira vez, um potencial tangível para permitir a correcção de defeitos genéticos (Tang *& al*, 2017). Entre estas doenças existem mutações autossómicas dominantes, onde a herança de uma única cópia de um gene defeituoso pode resultar em sintomas clínicos. Os genes em que as mutações dominantes se manifestam como perturbações adultas tardias incluem *o MYBPC3*, cuja mutação causa cardiomiopatia hipertrófica (HCM). Devido à sua manifestação tardia, estas mutações escapam à selecção natural e são frequentemente transmitidas para a geração seguinte. A CMH é uma doença miocárdica caracterizada por hipertrofia ventricular esquerda, desarranjo miofibrilar e rigidez miocárdica; tem uma prevalência estimada de 1:500 em adultos e manifesta-se clinicamente com insuficiência cardíaca. A CMH é a causa mais comum de morte súbita em atletas jovens saudáveis. A CMH, embora não seja uma condição uniformemente fatal, tem um impacto tremendo na vida dos indivíduos, incluindo preocupações fisiológicas (insuficiência cardíaca e arritmias), psicológicas (actividade limitada e medo de morte súbita), e genealógicas. As mutações MYBPC3 são responsáveis por aproximadamente 40% de todos os defeitos genéticos que causam CMH (HCM) e são também responsáveis por uma grande fracção de outras cardiomiopatias hereditárias, incluindo a cardiomiopatia dilatada e a não-compactação do ventrículo esquerdo6. O MYBPC3 codifica a proteína C (cMyBP-C), um nó de sinalização nos miócitos cardíacos que contribui para a manutenção da estrutura sarcomérica e regulação tanto da contracção como do relaxamento. Os recentes desenvolvimentos em técnicas precisas de edição de genomas e as suas aplicações bem sucedidas em modelos animais proporcionaram uma opção para corrigir as mutações da linha germinal humana. Em particular, o CRISPR-Cas9 onde foi utilizado em diferentes fases de divisão num zigoto portador da anterior mutação MYBPC3. A injecção do CRISPR-Cas9 durante a fase S resultou em embriões em mosaico constituídos por mutações não direccionadas, reparadas por NHEJ e por blastómeros HDR reparados em alvo (Figura 8). Estes ensaios confirmaram a eficiência, precisão e segurança da correcção do gene mediado CRISPR-Cas9 e sugerem que tem potencial para ser utilizado para a correcção de mutações hereditárias em embriões humanos. No entanto, muito há ainda a considerar antes das aplicações clínicas, incluindo a reprodutibilidade da técnica com outras mutações heterozigóticas (Ma & *al*, 2017).

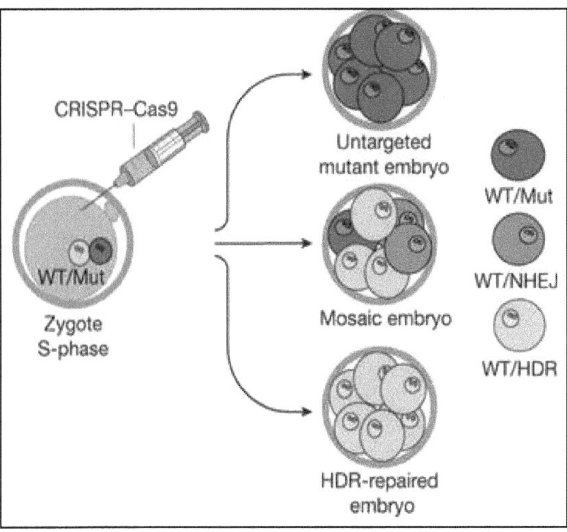

Figura 8: Correcção de genes em embriões humanos injectados em S-fase (Ma & *al*, 2017).

Potenciais doCRISPR

Capítulo 3: Potenciais do CRISPR

3.1.CRISPR-Cas como ferramenta para a descoberta de drogas

O sistema (CRISPR/Cas9) está a desencadear uma revolução no campo da biologia. E os ensaios realizados com o CRISPR levaram à melhoria dos cuidados padrão dos pacientes com diferentes doenças. Tais avanços estimularam o interesse pela medicina 'personalizada' ou 'de precisão', que combina a informação clássica do paciente com dados genéticos pessoais para informar directamente estratégias de tratamento individuais. Para além de gerar poderosas ferramentas de investigação, a edição de genomas com a tecnologia CRISPR-Cas tem grande promessa de fazer agentes terapêuticos ou como uma terapêuticaem si, porque as necessidades médicas não satisfeitas para numerosas doenças e o rápido progresso da edição genética do CRISPR-Cas podem alimentar uma descoberta de medicamentos (Fellmann& *al*, 2016). E de numerosos modelos, escolhemos as terapias baseadas em células CAR T.

3.1.1. Receptor de antigénios quiméricos (CAR) Imunoterapia adoptiva baseada em células T

A aplicação da edição do genoma para fins terapêuticos começou a sobrepor-se ao campo em rápida evolução da imunoterapia oncológica, particularmente para a produção de células T quiméricas de próxima geração (CAR) receptor de antígeno quimérico. Estas células T modificadas armadas com receptores alvo de tumores têm demonstrado grande promessa em ensaios clínicos que tratam várias leucemias e linfomas e podem eventualmente ser utilizadas para tratar cancros sólidos.

O receptor de antigénios quiméricos (CAR) A terapia com células T é um tratamento imuno-oncológico personalizado. Os RCA incluem (Figura 9):

- Um domínio de ligação extracelular que reconhece um antigénio que é fortemente expresso sobre - e específico das - células tumorais.
- Um domínio de sinalização quimérica intracelular que activa a célula T aquando do envolvimento do receptor e promove a morte mediada por células T de células tumorais (Ren & Zhao, 2017).

Figura 9: Domíniosdas células CAR T (ciência, 2017)

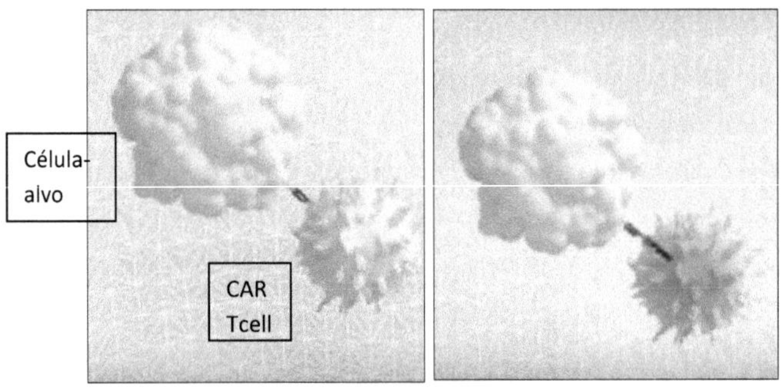

1/ A célula CAR T liga-se ao receptor   alvo 2/ a célula CAR T é activada

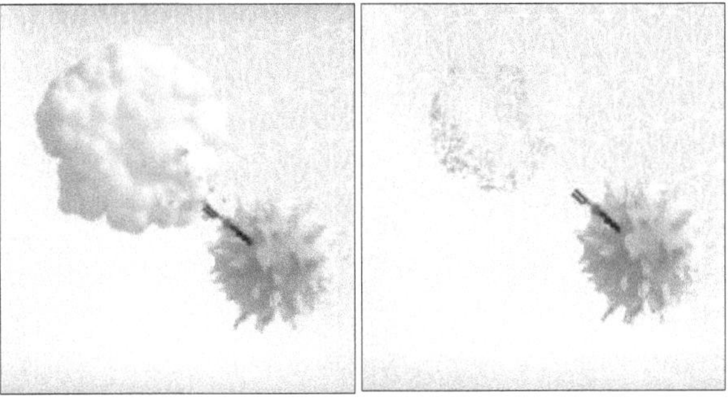

3/ A activação permite a libertação
4/ Matar a célula alvo

de citocinas e quimiocinas inflamatórias

Figura 10: Mecanismo de acção das células T da CAR (ciência, 2017)

A maioria das células T da CAR são geradas utilizando as próprias células T de cada paciente (processo caro e moroso que envolve: isolar, modificar e expandir as células T para cada novo paciente).

A terapia com células CAR T poderia tornar-se muito mais rápida e menos dispendiosa se as células CAR T doadoras universais pudessem ser geradas como células "de prateleira" (off-the-shelf: significa um produto que está disponível imediatamente e não precisa de ser especialmente fabricado para um determinado fim) o que aumentaria o número de pacientes que poderiam ser tratados por um único produto de células CAR T. No entanto, a principal barreira a uma abordagem "fora de prateleira" é a rejeição do hospedeiro causada pelo reconhecimento mútuo das células CAR T e das células CAR T que o hospedam.

As estratégias de edição do genoma também poderiam ser utilizadas para prevenir ou atrasar a rejeição das células T da CAR pelo sistema imunitário do receptor através da eliminação ou da diminuição da expressão dos antigénios de histocompatibilidade nas células T do doador. E a partir desta teoria, os cientistas utilizaram o CRISPR-Cas9 para perturbar os genes das células T, a fim de produzir células T de prateleira (perturbação TCR). No entanto, os resultados mostraram isso mesmo:

- as células T da CAR ainda eram dependentes de dadores
- as células CAR T xere resistentes à rejeição do hospedeiro

destacando assim a capacidade de gerar células universais multi-funcionais CAR T com técnicas CRISPR- Cas9 (Ren & Zhao, 2017).

3.2.Perturbações do sangue

O sistema CRISPR-Cas revolucionou as metodologias em hematologia e estudos oncológicos. Esta tecnologia pode ser utilizada para remover e corrigir genes ou mutações, e para introduzir genes terapêuticos específicos do local em células humanas. As doenças hematológicas herdadas representam alvos ideais para a terapia genética mediada pelo CRISPR-Cas9. A correcção de mutações causadoras de doenças poderia aliviar os sintomas relacionados com a doença num futuro próximo. Desde a correcção de doenças hematológicas não cancerosas como a β-talassemia (uma doença hereditária caracterizada por mutações na hemoglobina humana beta HBB; resultando em anemia grave). A ensaios ex-vivo sobre doenças hematológicas malignas como o mieloma e a leucemia, que mostraram que esta técnica de edição pode ser utilizada num futuro próximo, e será alargada a tratamentos clínicos em doentes (Zhang & McCarty, 2016).

3.3.Produção de biocombustíveis

Os biocombustíveis são um campo de investigação que se está a expandir e a atingir profundidades nunca antes atingidas. Os biocombustíveis podem ser produzidos de várias maneiras a partir de organismos vivos ou subprodutos metabólicos e contêm mais de 80 por cento de materiais renováveis. Os subprodutos metabólicos importantes no produto biocombustível são os produtos orgânicos e os resíduos alimentares. Os biocombustíveis fornecem muitos aspectos positivos e são essenciais para se afastarem da utilização de combustíveis fósseis. Proporcionam uma elevada segurança energética, na medida em que estão constantemente disponíveis e são sustentáveis, o que permite um fornecimento sólido de energia a preços acessíveis para diferentes indústrias (Fairley, 2011).

3.3.1. CRISPR para regulação genética e produção de succinatos em cianobactérias

As cianobactérias são um filo de bactérias que obtêm a sua energia através da fotossíntese e são os únicos procariotas fotossintéticos capazes de produzir oxigénio. Pesquisas recentes sugeriram a potencial aplicação de cianobactérias à geração de <u>energia renovável</u>, convertendo a luz solar em electricidade. E a conversão directa de CO_2 em combustíveis, produtos químicos, e outros produtos de valor acrescentado. Os recentes esforços de engenharia centraram-se no aproveitamento do potencial destas biofábricas microbianas para a produção sustentável de químicos produzidos convencionalmente a partir de combustíveis fósseis (R.ShenChun& *al*, 2016).

Succinateis produzido pelas cianobactérias e é amplamente utilizado como ingrediente em bruto para a petroquímica, sendo visto como uma alternativa para substituir as fontes de combustível fóssil. Há uma grande procura de uma forma de produzir succinato que seja renovável e benigna para o ambiente. ACyanobacterium *SynechococcuselongatusPCC*7942 tem promessa de conversão bioquímica, mas a eliminação de genes no PCC 7942 é demorada e pode ser letal para as células devido à sua natureza. CRISPR-Cas9 está a ser testado nestas bactérias e a interferência CRISPRi (CRISPRi) é a tecnologia escolhida para reprimir genes específicos da sequência sem a necessidade de nocaute de genes. Estes dados demonstraram que a supressão de genes mediada por CRISPRi permitiu redireccionar o fluxo de carbono celular e aumentou a concentração de succinatos, abrindo assim um novo caminho para a produção de produtos biotecnológicos que podem ser utilizados no futuro como fontes sustentáveis (Huang *& al*, 2016).

3.4.Espécies renascentes

A possibilidade de extracção varia entre organismos, e nem todos os organismos enfrentam os mesmos desafios técnicos na sua ressurreição. Para espécies recentemente extintas, pode ser possível utilizar tecnologia de clonagem "padrão" (tal como a transferência nuclear seguida da técnica de reprogramação celular que mais famoso resultou no nascimento de "Dolly the Sheep" em 1996) e uma espécie estreitamente relacionada como hospedeiro materno substituto (um substituto). A clonagem via transferência nuclear foi realizada para uma vasta gama de espécies de mamíferos. No entanto, se a extinção ocorreu antes de os tecidos vivos poderem ser recolhidos e preservados, então, a clonagem não é possível porque a decomposição do ADN começa imediatamente após a morte. O primeiro passo para ressuscitar as espécies extintas é, portanto, sequenciar e montar um genoma a partir dos restos conservados dessa espécie extinta. Na última década assistiu-se a enormes avanços nas tecnologias de isolamento do ADN antigo e de montagem do genoma, estando agora disponíveis genomas de alta qualidade para várias espécies extintas, incluindo mamutes e pombos de passageiros, enquanto este trabalho está em curso para muitas outras espécies. Uma vez conhecidas as sequências genómicas, podem ser utilizados scans de todo o genoma para criar listas de diferenças genéticas entre as espécies extintas e os seus parentes vivos mais próximos, que se tornam então os alvos iniciais para a edição do genoma.

Os sucessos das diferentes técnicas de edição do genoma demonstram que a edição do genoma usando CRISPR/cas9 é viável e eficiente. O número de edições que seriam necessárias para transformar, por exemplo, um genoma de elefante asiático num genoma mamute não é pequeno; estima-se que existam cerca de 1,5 milhões de diferenças a nível de nucleótidos entre estas duas espécies. No entanto, o número de edições pode ser minimizado substituindo grandes pedaços do genoma numa única edição ou concentrando-se apenas na alteração dos genes que são fenotípicamente relevantes (Shapiro, 2015).

3.5. Ferramenta de diagnóstico

Com a epidemia de Lassa Fever na Nigéria no início deste ano, que foi registada na pista para ser a pior jamais registada em qualquer lugar. Agora, na esperança de reduzir as mortes de Lassa nos próximos anos, investigadores na Nigéria estão a experimentar um novo teste de diagnóstico baseado na ferramenta de edição de genes CRISPR. O teste baseia-se na capacidade do CRISPR de caçar trechos genéticos - neste caso, RNA do vírus Lassa - que foi programado para encontrar. Se a abordagem for bem sucedida, poderá ajudar a apanhar uma vasta gama de infecções virais precocemente, para que os tratamentos possam ser mais eficazes e os profissionais de saúde possam controlar a propagação da infecção. E cientistas de diferentes universidades estão a testar o diagnóstico CRISPR para uma vasta gama de vírus como o vírus do dengue, o vírus Zika...

Para a maioria das doenças infecciosas, o diagnóstico requer conhecimentos especializados, equipamento sofisticado e electricidade suficiente , todos eles em falta em muitos locais onde ocorrem doenças como a febre de Lassa. Os testes CRISPR oferecem a possibilidade de diagnosticar infecções com a mesma precisão que os métodos convencionais, e quase tão simplesmente como um teste de gravidez em casa. E porque o CRISPR foi concebido para visar sequências genéticas específicas, os investigadores esperam desenvolver uma ferramenta baseada na tecnologia que possa ser fácil de identificar, dentro de uma semana, qualquer que seja a estirpe viral que esteja a circular.

Investigadores do Broad Institute of MIT e Harvard em Cambridge, que tinham emparelhado o CRISPR com a proteína Cas13. Ao contrário do Cas9 (a enzima originalmente utilizada na edição do gene CRISPR); o Cas13 corta a sequência genética que lhe foi dita para ser alvo, e depois começa a cortar indiscriminadamente o RNA. Este comportamento apresenta um problema quando se tenta editar genes, mas é bom para o diagnóstico porque todo esse corte pode servir como sinal.

Em 2018, a equipa Broad actualizou o seu teste, chamado SHERLOCK, adicionando moléculas de RNA que sinalizam quando foram cortadas por Cas13. O RNA cortado desencadeia a formação de uma banda escura numa tira de papel - semelhante aos sinais visuais num teste de gravidez - que indica a presença de qualquer sequência genética que o CRISPR foi engendrado para encontrar.

A equipa na Nigéria está agora a testar com que exactidão uma versão deste diagnóstico, concebida para encontrar o vírus Lassa, em pessoas cujas infecções foram anteriormente confirmadas com a reacção de polimerase em cadeia (PCR).

SHERLOCK é aproximadamente metade do preço dos testes PCR na Nigéria e leva metade do tempo a devolver os resultados (cerca de duas horas em comparação com quatro). Ambos os diagnósticos requerem electricidade para processar amostras, mas SHERLOCK não é tão sensível a falhas de energia - que são conhecidas na Nigéria - como a PCR.

Outros testes CRISPR desenvolvidos por outros cientistas utilizam proteínas Cas com diferentes propriedades e patentes para combater várias doenças (Maxmen, 2019).

Métodos de entrega do CRISPR

Capítulo 4: Métodos de entrega do CRISPR

A escolha do método de entrega da enzima Cas9 e do seu RNA guia único associado (sgRNA) é considerado como um dos maiores desafios. A entrega eficiente assegura que a célula alvo é atingida, o que minimiza o efeito fora do alvo. Os veículos utilizados para entregar o sistema de edição genética podem ser categorizados em três grupos gerais (figura 11): entrega física, vectores virais e vectores não-virais. Os métodos físicos são mais seguros do que os de vectores virais. Os métodos físicos de entrega mais comuns são a microinjecção e a electroporação. No entanto, a eficácia relativamente baixa da entrega tem sido relatada em aplicações *in-vivo*. Além disso, a disponibilidade e a relação custo-eficácia têm aumentado as suas aplicações. Os vectores de entrega virais incluem especificamente dois tipos: vírus adeno-associado (AAV), e veículos adenovírus e lentivírus de tamanho completo . Ossistemas de fornecimento viral foram identificados como os sistemas mais eficientes para fornecer ácidos nucleicos à base de plasmídeos a células de mamíferos *in vitro/in vivo*. Assim, o CRISPR-Cas9 à base de plasmídeos é fornecido a células de mamíferos. A entrega de vectores não virais não é tão notável como a entrega baseada em vírus; contudo, os vectores não virais possuem numerosas vantagens em comparação com os vectores virais. Ossistemas vectoriais não virais incluem nanopartículas lipídicas, peptídeos penetrantes de células (CPPs), 'nanoclews' de ADN, e nanopartículas de ouro (Lino *& al, 2018*) (Kotagama & al *, 2019)*.

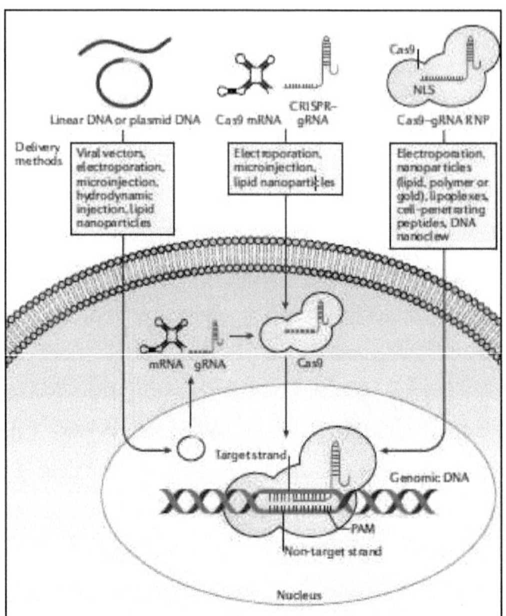

Figura 11: Formas de carga e métodos de entrega do CrisPr-Cas9

(Tong & al, 2019)

4.1. Métodos de entrega física

4.1.1. Microijecção

A microinjecção é considerada uma das melhores formas de introduzir componentes CRISPR nas células, devido à sua especificidade de alvo, alta reprodutibilidade e simplicidade. Neste método, tanto o DNA plasmídeo que codifica tanto a proteína Cas9 como o sgRNA, o mRNA que codifica Cas9 e o sgRNA, ou a proteína Cas9 com sgRNA, podem ser injectados directamente em células individuais. Para a entrega directa das construções a uma célula alvo, é geralmente inserida uma agulha com um diâmetro entre 0,5 e 20 µM. A experiência global é auxiliada por um microscópio especial equipado com um micromanipulador. A membrana da célula é perfurada e as cargas são entregues directamente a um local alvo dentro da célula. Uma vez que este processo passa por uma variedade de barreiras para atingir a célula alvo (figura 12); assim, a microinjecção é mais adequada apenas para trabalho in vitro e ex vivo, uma vez que a utilização de um microscópio para atingir células individuais é umpasso importante (Lino & al, 2018) .

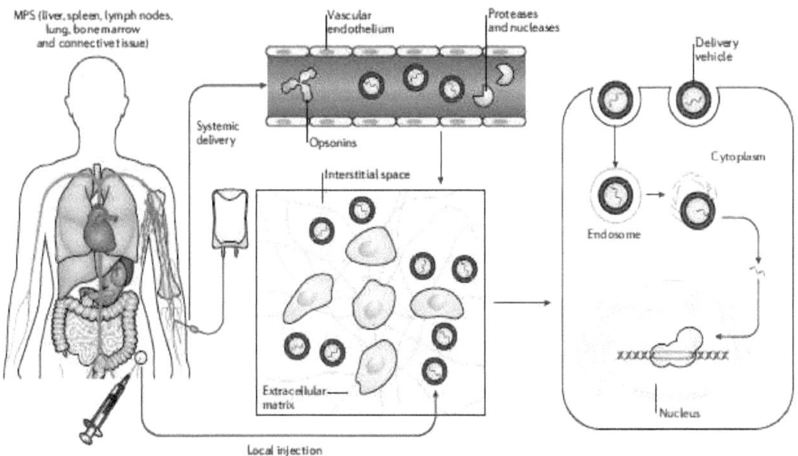

Figura 12: Barreiras biológicas à entrega in vivo da circulação sistémica ao núcleo celular (Tong & *al, 2019*) .

Na entrega sistémica, os veículos de entrega são distribuídos por toda a carroçaria. Para editar células alvo, os veículos de entrega precisam de extravasar, viajar através do espaço intersticial e passar através da membrana celular para o núcleo celular. Com a injecção local, os veículos de entrega entram directamente no espaço intersticial. Na entrega sistémica, os veículos de entrega podem adsorver opsoninas, incluindo anticorpos, factores complementares e outras proteínas no plasma, que promovem a sua eliminação pelo sistema de fagócitos mononucleares. Além disso, a exposição da maquinaria de edição de genoma ao plasma pode causar degradação através de proteases ou nucleases circulantes. Outra barreira ao fornecimento sistémico é o endotélio vascular (a menos que seja o tecido alvo). Na maioria dos tecidos, as células endoteliais na superfície do vaso estão ligadas para formar uma camada contínua através de junções células-células, o que impede a maioria dos veículos de entrega de entrar no espaço intersticial. O transporte intersticial dos veículos de entrega é frequentemente dificultado pelas células estroma e pela matriz extracelular, que podem confinar os veículos entregues sistemicamente perto da superfície do vaso e os veículos injectados localmente ao local da injecção. Outra etapa limitadora da taxa é que os veículos de entrega passem através da membrana celular via micropinocitose ou endocitose. Os veículos de distribuição que entram nas células são tipicamente transportados dos endossomas para lisossomas, onde a maioria das proteínas e ácidos nucleicos são enzimaticamente digeridos. Portanto, a carga precisa de ser libertada do veículo de entrega e escapar do endossoma para entrar no citosol. Finalmente, a carga precisa de entrar no núcleo celular para efectuar a edição de genes no local de destino (excepto no caso da edição de RNA no citosol (Tong & *al*, 2019) .

4.1.2. Electroporação

A electroporação é uma abordagem amplamente utilizada para fornecer proteínas e ácidos nucleicos às células de mamíferos. Esta técnica utiliza correntes eléctricas de alta tensão pulsadas para abrir transientemente "poros" de tamanhos nanométricos na membrana plasmática quando as células são sujeitas a impulsos eléctricos de tensão e duração suficientes para aumentar temporariamente a permeabilidade da membrana celular (figura 13), utilizando microscopia de fluorescência digitalizada (Liu & Du, 2019) e permitindo a entrada de componentes do tamanho de nanómetros nas células. A electroporação é menos dependente do tipo de célula do que outras técnicas de entrega e pode transferir eficazmente carga para células que são tradicionalmente difíceis de manipular. A electroporação é mais comummente utilizada num ambiente in vitro e ex vivo. Além disso, é adequado para todos os tipos de sistemas CRISPR-Cas9, incluindo sistemas CRISPR-Cas9 baseados em plasmídeo, a mistura de Cas9 mRNA e sgRNA, e o Cas9/sgRNA RNP. Grandes quantidades de tensão são frequentemente aplicadas às membranas celulares em repouso na sua inadequação para aplicações *in vivo* (Lino *& al, 2018*)

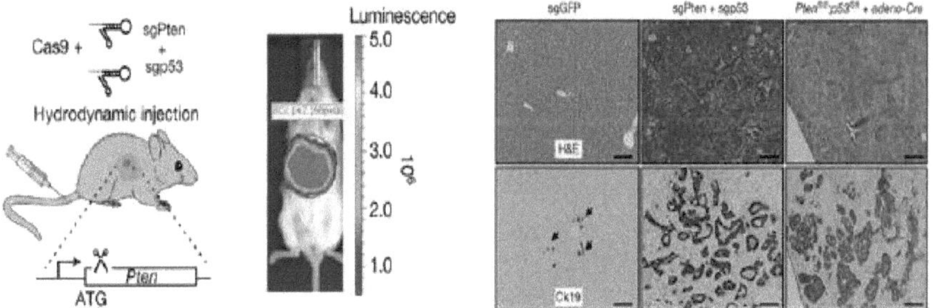

Figura 13: Entrega por electroporação de CRISPR RNP visando genes com impacto na cor da pelagem dos ratos (Tyr), seguida de transferência para mães pseudo-grávidas (Chen & *al*, 2016).

4.1.3. Entrega hidrodinâmica

Desde a sua descoberta, tornou-se o método mais simples e mais eficiente de fornecer ácidos nucleicos ao fígado (figura 14), mas também inclui células dos rins, pulmão, músculos e coração. A entrega hidrodinâmica é atractiva porque é tecnicamente simples e não requer quaisquer componentes de entrega exógenos para introduzir com sucesso componentes de edição genética nas células. Esta técnica consiste na injecção rápida da carga de edição genética em roedores através da veia caudal na corrente sanguínea em volumes equivalentes a 8-10% do peso corporal. Como o sangue é incompressível, o grande bolus de líquido resulta num aumento da pressão hidrodinâmica que, temporariamente, permite que uma carga normalmente não capaz de atravessar uma membrana celular passe para as células. Isto inclui plasmídeos e proteínas de ADN nus. A pressão hidrodinâmica é produzida pela administração rápida de um grande volume de uma solução de ácido nucleico que aumenta a permeabilidade em células endoteliais e parenquimatosas, a fim de induzir a formação de poros temporários na membrana celular das células endoteliais e facilitar a entrada do ácido nucleico nas células. A entrega hidrodinâmica é tipicamente utilizada apenas para aplicações in vivo, uma vez que a premissa da entrega depende do aumento transitório da pressão num sistema fechado e da forçagem da carga através de barreiras impermeáveis (Lino, & *al, 2018*) .

Figura 14: A injecção hidrodinâmica de CRISPR em ratos resulta numa focalização específica no fígado, gerando uma mutação indel dos dois genes supressores do tumor e oncogenes. O desenvolvimento de tumores hepáticos pode ser visto na hematoxilina e eosina (H&E) e na citoqueratina 19 (Ck19) - micrografia manchada (Xue, et al., 2014).

4.2. Sistemas de entrega viral

Os métodos baseados em vírus continuam a ser uma escolha popular para a entrega de maquinaria de edição de genes. A entrega mediada por vírus é realizada através de dois mecanismos: infecção e replicação. Durante a fase de infecção, um vírus pode reconhecer e entrar numa célula específica, e o genoma viral será libertado no núcleo (no caso do ADN) ou citoplasma (no caso do ARN) para replicação. Após a replicação do genoma viral nas células, os viriões reproduzidos saem das células. A fase de infecção recomeça nas células vizinhas, e o ciclo de replicação da infecção continua. Para expressar o CRISPR-Cas9 numa célula alvo, é necessário um processo que envolve a captação do vector viral, transporte e libertação da carga, transcrição etraduçãodotransgene(figura 15). Várias classes de vectores virais que têm sido utilizadas para a edição in vivo do genoma incluem adenovírus (AdV), vírus adeno-associado (AAV), lentivírus e retrovírus (figura 15), sendo a AAV a mais promissora devido à sua baixa imunogenicidade, bom perfil de segurança e expressãotransgénica transitória (Liu, & al, 2017)(Tong, & al, *2019*).

	Packaging Capacity	Genetic Material	Vector Genome Form	Key Features
AAV	4.7 kb	ssDNA	Mainly episomal	Gene augmentation therapy of small genes in human clinical trials. Gene editing in cells and animal models. Oftentimes, more than one vector is needed due to limited packaging capacity.
AdV	35 kb	dsDNA	Episomal	Cancer treatment in human clinical trials. Proof-of-principle in gene editing in cells and animal models
LV	8 kb	ssRNA	Integrated	Infect dividing cells without transgene dilution. Unwanted off-target effect when combined with CRISPR-Cas9. Mainly used to develop screening tools.
Bacteria Phage	Varies	Varies	N/A	Mainly used in anti multi-drug-resistance bacteria

N/A = Not applicable.

Quadro 2: Resumo dos diferentes vectores de entrega
(Xu, & *al*, 2019).

O desafio na entrega *in vivo* daproteína SpCas9 com AAV é o seu grande tamanho (4,3 kb para a região de codificação com uma capacidade de embalagem de 4,7-kb para AAV). Com a adição de elementos regulamentares, tais como promotores e sinais de poliadenilação, a capacidade de embalagem da AAV é muitas vezes excedida para a entrega de máquinas de edição baseadas em SpCas9. Assim, é frequentemente necessário embalar SpCas9 e gRNA em dois vectores separados, o que poderia alcançar uma eficiência de entrega de >70% (Tong , & *al, 2019*).

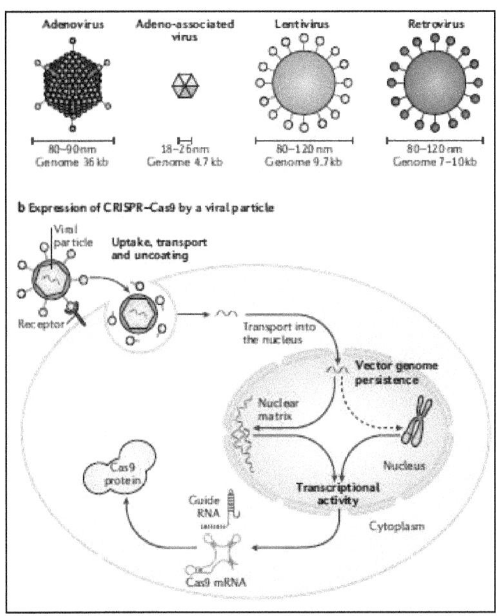

Figura 15: Base viral de entrega in vivo de máquinas de edição de genoma (Tong, & *al,* 2019).

4.3. Entrega de material sintético-material mediado

Os materiais sintéticos podem oferecer ao entregar a baixa imunogenicidade CRISPR/Cas9, ausência de recombinação de vírus endógenos, menos limitação na entrega de maiores cargas úteis genéticas e facilidade de produção em grande escala. Algumas das outras vantagens: podem ser adaptadas para fornecer diferentes formas do sistema CRISPR-Cas9, incluindo a proteína Cas9 ou Cas9-gRNA RNP, Cas9 mRNA com gRNA e DNA plasmídeo codificando Cas9 e gRNA , e a sua imunocompatibilidade pode ser melhorada através da optimização da forma do tamanho, revestimento e química de superfície (Li, & *al,* 2018).

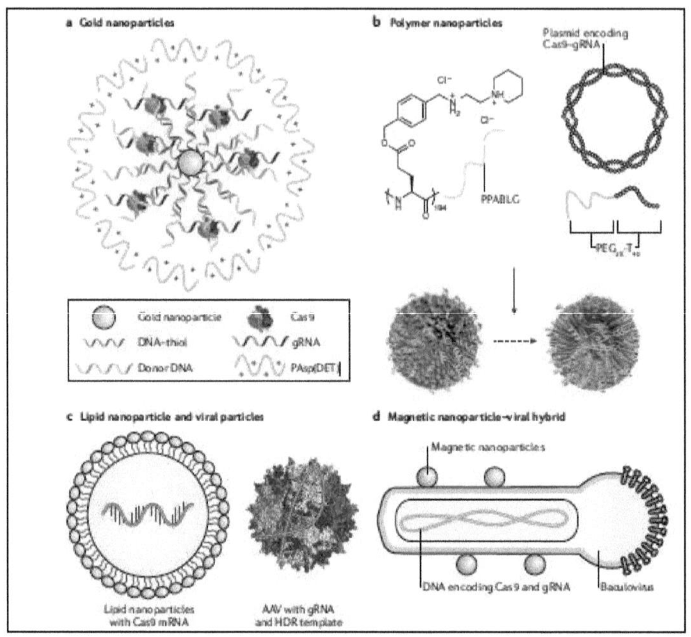

Figura 16: Exemplos de sistemas materiais para entrega in vivo de máquinas de edição de genoma (Tong, *& al*, 2019).

4.4. Comparação entre as diferentes técnicas utilizadas

As vantagens e desvantagens das abordagens de entrega comummente utilizadas estão resumidas no (quadro 3) abaixo .

Quadro 3: Resumo dos diferentes sistemas de entrega para CRISPR-Cas9 (Liu, & al, 2017).

Sistema de Entrega	Vantagens	Desvantagens
Electroporação	• Adequado para qualquer tipo de célula • Alta eficiência de transfecção • Pode ser utilizado *in vitro* e *in vivo* • Adequado para todas as estratégias do CRISPR-Cas9	• Induzir morte celular significativa • Transfecção não específica

	Vantagens	Desvantagens
Microinjecção	• Altamente específico e reprodutível • Adequado para todas as estratégias do CRISPR-Cas9	• Induzir danos celulares • Exigem um elevado nível de sofisticação e competências manuais • Baixo rendimento
iTOP	• Eficaz para o fornecimento de proteína Cas9 e sgRNA	• Menor eficiência nas células primárias • Não adequado para aplicações *in vivo*
Deformação mecânica da célula	• Alta eficiência na entrega • Morte celular baixa	• Limitado à utilização *in vitro*
Injecção hidrodinâmica	• Método simples e eficiente para a transfecção *in vivo* em pequenos animais • Altamente eficiente para a transfecção do fígado • Adequado para todas as estratégias do CRISPR-Cas9	• Pode causar disfunção cardíaca, expansão hepática, e até morte de animais • Não adequado para animais de grande porte e aplicações clínicas • É altamente eficiente para o fígado mas não para outros órgãos
Nanopartículas lipídicas	• Fácil de preparar • Cofre • Adequado para todas as estratégias do CRISPR-Cas9	• Baixa eficiência na entrega
Nanopartículas de polímero	• Fácil de preparar • Cofre • Adequado para todas as estratégias do CRISPR-Cas9	• Baixa eficiência na entrega
Entrega de peptídeo penetrante de células (CPP)	• Cofre • Pequeno em tamanho	• A conjugação química é necessária
Nanoestrutura de ADN	• Tamanho e arquitectura controláveis	• A montagem é complicada • Má estabilidade do portador de ADN

Nanopartículas de ouro	• Alta eficiência na entrega	• Potencial toxicidade *in vivo* em concentrações elevadas
Vírus adeno-associado (AAV)	• Alta eficiência de infecção • Cofre • Tropismo de células amplas	• Tamanho de embalagem limitado • Dificuldade na produção
Lentivírus	• Alta eficiência de infecção • Tamanho de embalagem grande • Expressão genética a longo prazo	• Potencial para mutagénese insercional

Limitações técnicas do CRISPR

Capítulo 5: As limitações técnicas do CRISPR

A edição genómica apresenta muitos desafios técnicos difíceis, e embora o sistema CRISPR/Cas9 tenha demonstrado grande promessa para a edição genética específica do sítio e outras aplicações, no entanto, o espectro da criação de alterações genéticas indesejadas foi provavelmente o que recebeu mais atenção. Apesar da sua promessa, existem ainda vários factores e limitações que influenciam a sua eficácia na terapia genética humana.

5.1. Mosaicismo

O mosaicismo genético é a presença de mais de dois alelos num indivíduo, resultando assim na presença de mais do que um genótipo no mesmo indivíduo. Este fenómeno ocorre quando ocorre a replicação de ADN e a célula começa a dividir-se antes da ocorrência da edição do genoma. Resultando em dois tipos de células filhas: algumas irão carregar a edição que foi feita com o sistema CRISPR, e eventualmente levando à exibição do novo fenótipo. O segundo tipo de células não levará a edição e, portanto, manterá o genoma intacto. Isto pode ser observado após a microinjecção de zigotos do CRISPR (Plaza Reyes & Lanner, 2017) (Mehravar, & al, 2018).

O mosaicismo e a focalização incompleta podem resultar de muitos mecanismos. Estes incluem mecanismos naturais tais como a não disjunção cromossómica, atraso da anáfase, endoreprodução e mutações durante o desenvolvimento. Pode também resultar de mecanismos manipulativos, tais como técnicas de edição do genoma, já que a maioria dos sistemas CRISPR requer células que se dividem activamente para permitir a modificação do genoma. O mosaicismo pode ser um problema mais grave na fase de pré-implantação do embrião, onde as divisões celulares ocorrem relativamente depressa (Yen, et al., 2014)(Mehravar, & al, 2018).

5.1.1. Mecanismos do mosaicismoresultantes do sistema de edição CRISPR

Os mosaicismos de engenharia CRISPR/Cas9 são indesejáveis para a maioria das aplicações. A consequência negativa mais óbvia é a geração de resultados de genotipagem falso-positivos.

Isto significa que a mutação pretendida não será transmitida aos descendentes (Mehravar, & *al*, 2018).

- **Cas9 atraso translacional divisão celular VS**

A activação completa da máquina transcripcional CRISPR-Cas9 ocorre -após poucas horas de entrega - no meio da divisão celular, o que significa durante a replicação do ADN da célula activa. Este atraso resulta em mosaicismo. Por outras palavras, o embrião das primeiras fases não levará a edição, enquanto as fases posteriores de desenvolvimento serão submetidas a diferentes conjuntos de edição (Mehravar, & *al*, 2018).

- **Actividade persistente do complexo Cas9/gRNA**

São necessárias 15h para a degradação total da proteína Cas9. Este mecanismo pode levar à continuidade da edição nas células filhas (MARKOSSIAN & FLAMANT, 2016).

- **DSBs aleatórios e processo de reparação**

Mutações em mosaico podem resultar após quebras de ADN (após a utilização do sistema CRISPR). Estas mutações podem diferir dependendo do tipo de reparação pela qual a célula irá passar (NHEJ ou HDR). Estes eventos de reparação podem resultar em indels aleatórios ou inserções em torno dos locais de quebra de ADN, levando a eventos indesejáveis do mosaico (Lino, & al, 2018).

- **Propriedades do local de destino**

O tamanho e a posição das supressões geradas pelo processo de reparação da NHEJ
O tamanho e a posição das eliminações geradas pelo processo NHEJ após a ocorrência do DSB, podem ser influenciados pelo protospacer no DSB.

- **Diferentes espécies**

Devido aos diversos mecanismos que influenciam a edição do genoma nos embriões de diferentes espécies, a frequência dos eventos do mosaicismo do CRISPR pode variar dependendo da espécie visada (Meheavar, & al, 2018) .

- **Concentração e multiplicidade de componentes do CRISPR/Cas9**

Em algumas espécies, a injecção de baixa concentração dos componentes dos cripsr poderia levar ao mosaicismo. Contudo, noutras espécies, a injecção de alta concentração poderia resultar em eventos de mosaico, poderia mesmo reduzir a viabilidade de embriões noutras (Hashimoto, & *al*, 2016) (MIDIC, et al., 2017).

5.1.2. Possíveis estratégias para reduzir o mosaicismo no sistema CRISPR

- Acelerar o processo de edição introduzindo os componentes do CRISPR em zigotos em fase muito precoce (fase de apenas uma célula). Mas este método precisa de ser testado mais vezes porque a edição de desenvolvimento precoce cria uma nova questão: a impossibilidade de distinguir os embriões portadores da doença genética daqueles que não se encontram na fase de célula única (figura 17). (Heidi, 2019).

- Encurtando a longevidade do Cas9, marcando o sinal de degradação ubiquitina-proteaseasome no Cas9, a fim de acelerar a sua degradação. A adição do Ubi-tag não afectou a actividade do Cas9, mas mostrou uma redução na taxa de mosaicismo quando testado em embriões de macacos. (YANG, et al., 2017).

- Aumentar a eficiência do HDR e suprimir a via de reparação do NHEJ, incluindo a utilização de pequenos inibidores moleculares do NHEJ para minimizar as reparações aleatórias do NHEJ e reduzir o mosaicismo (Lino, *& al,* 2018) .

Mosaicism

Mosaicism can cause two sorts of problems. If a developing embryo contains just a few cells with risky mutations, then a biopsy that picks up a mutated cell might lead to unnecessary manipulations.

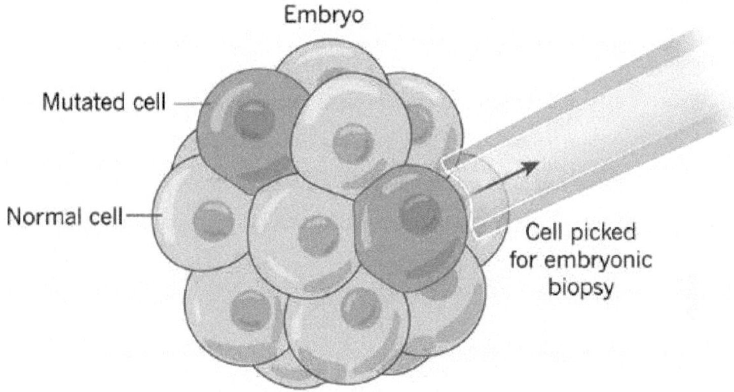

The CRISPR–Cas9 process is inefficient, and might leave too many cells uncorrected to treat the disease.

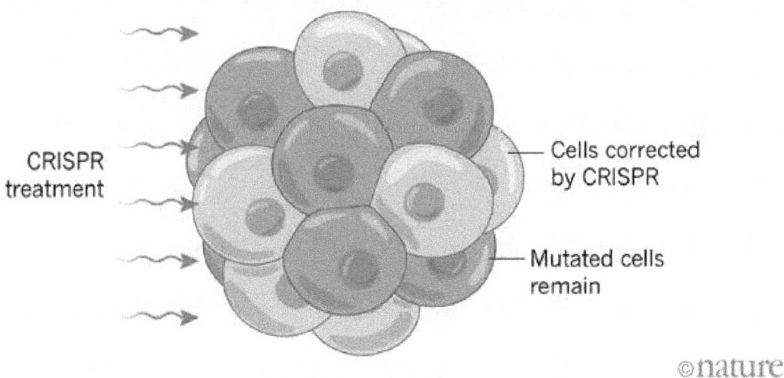

Figura 17: mosaicismo em fase embrionária inicial (Heidi, 2019)

5.2. Efeitos fora do alvo

As edições fora do alvo são alterações genéticas indesejadas devido à actividade não específica da nuclease Cas em locais on-target (as edições genéticas pretendidas) do genoma. Estas edições podem resultar na mutação de outros genes e o efeito/fenótipo causado pode ser confundido com o esperado da edição on-target.

Os investigadores estão à procura de formas de reduzir os efeitos fora do alvo, desenvolvendo alternativas ao Cas9 que tenham taxas de erro mais baixas com maior fidelidade e especificidade. Para além da utilização de gRNAs mais bem concebidos.

Os cientistas sugeriram que este problema pode ser tratado por agora utilizando múltiplas estratégias e mecanismos contra o mesmo gene para garantir que expressem o mesmo fenótipo (Plaza Reyes & Lanner, 2017) (Heidi, 2019).

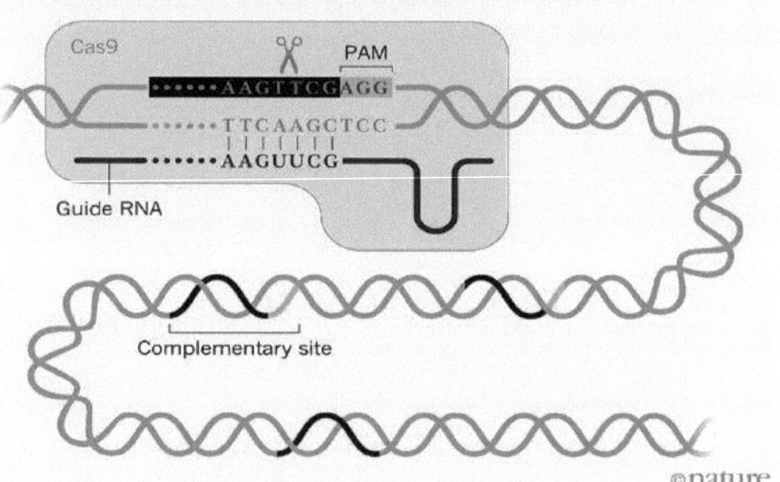

Figura 18: Efeitos fora do alvo (Heidi, 2019)

5.3. On-target, mas errado

Em eucariotas, após a clivagem do nuclease, os DSBs podem ser reparados por um de dois mecanismos de reparação endógena imprevisíveis: união final não-homológica (NHEJ) ou reparaçãodirigida por homólogos (HDR).

Quando os DSBs ocorrem em células, a primeira reacção é geralmente realizada de uma forma NHEJ. No NHEJ, os factores proteicos reacendem o cordão de ADN partido, quer directamente, quer através da inclusão de inserções ou supressões de nucleótidos (indels) de algumas letras de ADN no local de corte. Este processo ocorre sem um modelo de ADN homólogo, conduzindo geralmente a mutações e supressões na fita reparada, como mostra a Figura 19. A via NHEJ é caracterizada como robusta, propensa a erros, mas predominante e rápida, com elevada flexibilidade, ocorre em qualquer fase do ciclo celular e é o principal mecanismo de reparação de DSB celular. Este processo pode ser útil se o objectivo da edição for o de desligar a expressão de um gene mutante.

Outraforma de reparação, chamada reparação dirigida por homólogos. Esta via é uma via de reparação fiel, requer um modelo de reparação homóloga para reparar com precisão o DSB (Figura 19). O HDR entra em acção principalmente na fase S ou G2 do ciclo celular, quando um cromatídeo irmão pode servir como modelo de reparação. Este mecanismo permitiu aos investigadores reescrever uma sequência de ADN, entregando um modelo que é copiado no local do corte. Isto poderia ser utilizado para corrigir doenças como a fibrose cística, que é geralmente causada por pequenas supressões no gene *CFTR*. Em geral, a incidência de HDR para reparação de DSB é extremamente baixa em comparação com a NHEJ.

No entanto, ambos os processos são difíceis de controlar. As eliminações causadas pela união final não-homológica podem variar em tamanho, produzindo diferentes sequências de ADN. A reparação orientada para a família dá mais controlo sobre o processo de edição, mas ocorre a uma frequência muito mais baixa do que as eliminações em muitos tipos de células. A fim de modificar precisamente o gene, surgiram numerosos métodos, inibindo a NHEJ ou melhorando a HDR para reduzir a ocorrência deste problema. Uma das técnicas utilizadas chama-se edição de base. Os editores de base fundem um Cas9 desactivado a uma enzima que pode converter uma base de ADN para outra. O Cas9 desabilitado dirige o editor de base para um site no genoma onde altera quimicamente o ADN directamente, em vez de fazer um DSB (Lino, & al, 2018) (Heidi, 2019).

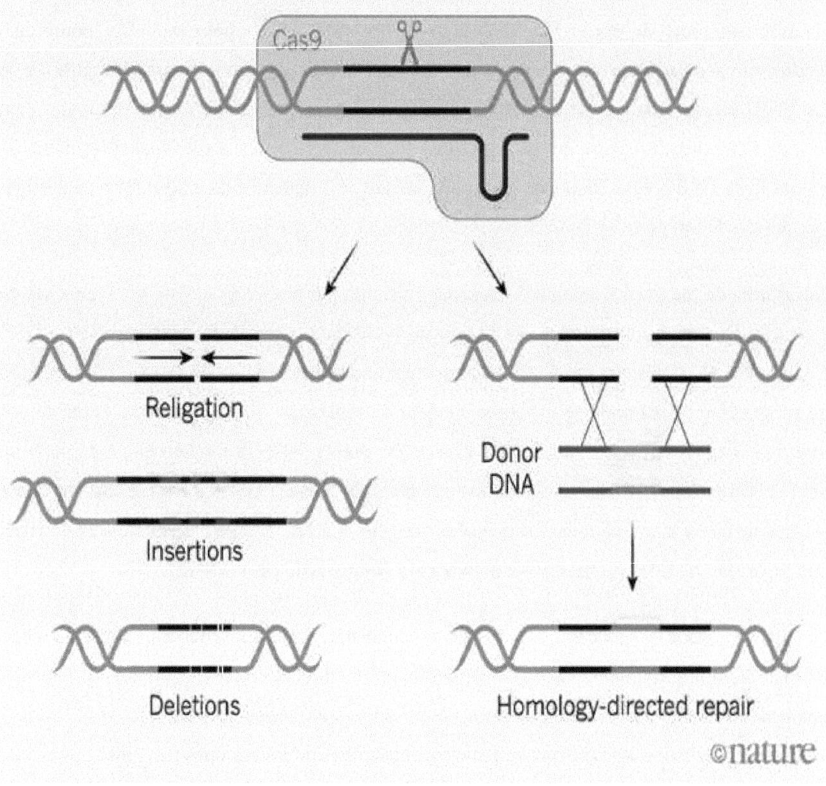

Figura 19: Efeitos no alvo (NHEJ e vias de reparação HDR) (Heidi, 2019)

5.4. Disponibilidade de embriões humanos

Existem diferentes categorias de embriões humanos que podem ser utilizados na investigação:

- Embriões criados especificamente para fins de investigação a partir de oócitos e espermatozóides doados. Esta categoria é a mais benéfica na perspectiva de que estes embriões podem ser geneticamente visados em qualquer fase desde a fase de zigoto ou mesmo antes da fertilização,

- Embriões viáveis "sobressalentes" ou supranumerários após tratamento, no entanto, os embriões supranumerários são geralmente desenvolvidos para além da fase de uma célula, o que pode tornar o alvo mais desafiante.

- Embriões que não são viáveis ou não adequados para tratamento de fertilidade. Estes embriões são considerados de baixa qualidade e podem exibir genomas anormais e podem levar a resultados confusos. Por isso, provavelmente não seriam considerados como uma primeira escolha quando se tenta estudar desenvolvimentos normais.

Como previsto, as clínicas reprodutivas geralmente transferem os embriões de melhor qualidade para os pacientes, e a maioria dos embriões disponíveis estão armazenados há muitos anos, a qualidade dos que estão disponíveis para investigação pode não ser a mais elevada. Apesar destas limitações, vários países não permitem a criação de embriões com o único objectivo de investigação, restringindo o material disponível para investigação a embriões supranumerários. (Plaza Reyes & Lanner, 2017).

5.5. Obstáculos dos métodos de entrega do CRISPR

Veículo de entrega	Limitações
Microinjecção	Demorado; difícil; geralmente apenas in vitro
Electroporação; nucleofecção	Em geral apenas in vitro; algumas células não são passíveis de ser tratadas
Entrega hidrodinâmica	Não específico; traumático para tecidos
Vírus adeno-associado (AAV)	Baixa capacidade
Adenovírus	Resposta inflamatória; produção em escala difícil
Lentivírus	Propenso ao rearranjo genético; silenciamento transgénico
Nanopartículas lipídicas/ lipossomas/ lipoplexes	Degradação endossómica da carga; tropismo celular específico
Peptídeos penetrantes de células (CPPs)	Eficiência penetrante variável
Nanoclew de ADN	Modificações necessárias para o ADN modelo
Nanopartículas de ouro (AuNPs)	Resposta inflamatória não específica

Quadro 4: Veículos de entrega CRISPR e suas limitações

(Lino, & al, 2018).

Considerações éticas e morais da CRISPR

CAPÍTULO 6: Considerações éticas e morais do CRISPR

O debate sobre a edição do genoma não é novo, mas após a descoberta de que o CRISPR tem o potencial de tornar essa edição mais precisa e até "mais fácil" em comparação com tecnologias mais antigas, recuperou o interesse. Um artigo demonstrando a capacidade de manipular embriões humanos in vitro utilizando o CRISPR publicado em 2015 (Liang, et al., 2015) por uma equipa chinesa foi o acto que despertou o gigante adormecido, e suscitou sérias preocupações éticas e sociais. Apesar do seu sucesso em muitos ensaios, existem ainda muitas limitações potenciais no que respeita à utilização do CRISPR-Cas9 na edição de genomas humanos (Uknown, 2017).

Estas preocupações centram-se na aceitabilidade ética da utilização da edição genética para modificar os genomas humanos (edição de genomas somáticos humanos e especialmente a edição da linha germinal humana: oócito, esperma, zigoto e embrião) e nas estruturas de governo necessárias para controlar e regular estas aplicações (Cavaliere, 2019).

6.1. As razões que conduzem ao aumento das preocupações éticas

As preocupações éticas sobre a tecnologia de engenharia do genoma CRISPR devem-se, em grande parte, a algumas razões importantes:

Segurança

Estas preocupações prendem-se com as complexidades dos sistemas biológicos, para além da potência e limitações técnicas da tecnologia CRISPR Devido à possibilidade de efeitos fora do alvo (edições no local errado) e mosaicismo (quando algumas células levam a edição mas outras não), incluindo as possibilidades de eficiência limitada de edição no alvo. Estas limitações têm sido relatadas em experiências CRISPR envolvendo animais e células humanas. Os investigadores e eticistas que se mantiveram com este argumento, tais como os presentes na Cimeira Internacional sobre Edição de Genes Humanos, concordam geralmente que até que a edição do genoma na linha germinal seja anunciada como segura através da investigação, não deve ser utilizada para fins clínicos reprodutivos; o benefício potencial não pode cobrir o risco potencial. Alguns investigadores argumentam que poderá nunca haver um momento em que a edição do genoma em embriões proporcione um benefício superior ao das tecnologias existentes, tais como o diagnóstico genético pré-implantação (PGD) e a fertilização in vitro (IVF) (Lanphier, & al, 2015) (Brokowski & Adli, 2018).

Consentimento informado

Este argumento diz respeito à edição do genoma somático humano e à edição do genoma da linha germinal humana. Algumas pessoas preocupam-se com o futuro dos organismos modificados e com a impossibilidade de obter o consentimento informado para a terapia da linha germinal porque os pacientes afectados por estas edições são os embriões e as gerações futuras. Um dos maiores riscos desta terapia de edição é a introdução de alelos com efeitos secundários imprevistos que seriam reconhecidos gerações após a edição inicial de genes e que potencialmente os afectariam de formas inesperadas. . O contra-argumento é que os pais já tomam muitas decisões que afectam os seus futuros filhos, incluindo decisões igualmente complicadas, tais como o PGD com FIV (Dr. Tomislav Meštrović, 2018).

Justiça e equidade
Tal como acontece com muitas outras novas tecnologias na investigação biomédica, a edição do genoma humano abre algumas questões sérias e levanta preocupações relativamente à igualdade e justiça, exemplo de quem terá acesso a potenciais tratamentos e para quem esses tratamentos serão desenvolvidos. Estas preocupações têm sido afectadas por minorias raciais e étnicas historicamente marginalizadas. Em casos extremos, algumas preocupações de que a edição da linha germinal possa criar classes de indivíduos definidas pela qualidade do seu genoma engendrado (Clara C. Hildebrandt, 2018).

Pesquisa de edição de genoma envolvendo embriões

Muitas pessoas têm objecções morais e religiosas à utilização de embriões humanos para investigação. Tem-se desenvolvido um forte debate entre investigadores de várias disciplinas: academias nacionais, organismos de ética, membros do público, sociedades eruditas e pacientes. Este debate está centrado na aceitabilidade ética das suas aplicações humanas (Cavaliere, 2019).

O conceito de modificar a linha germinal humana em embriões para fins clínicos tem sido debatido ao longo de muitos anos de muitos pontos de vista diferentes, e tem sido visto quase

universalmente como um passado limite que já não pode ser garantido em termos de segurança)
. Os bioéticos e investigadores acreditam geralmente que a edição do genoma humano para
fins reprodutivos não deve ser tentada neste momento, mas que os estudos à sua volta devem
continuar, o que tornaria a terapia genética segura e eficaz. Além disso, os fundos federais não
podem ser utilizados para qualquer investigação que crie ou destrua embriões. Tal como o NIH,
como o Director declarou, não financiam qualquer utilização da edição genética em embriões
humanos . Estas partes insistem na necessidade de mecanismos de gevernância para regular
estas aplicações. (Francis S. Collins, 2015) (Cavaliere, 2019).

A partir de 2014, foi realizado um inquérito e os resultados mostraram que existiam cerca de
40 países que desencorajavam ou proibiam a investigação sobre a edição da linha germinal,
incluindo 15 nações da Europa Ocidental, como mostra a (Figura 20) abaixo, devido a
preocupações de segurança   (Motoko & Tetsuya, 2014). Em Dezembro de 2015, realizou-se
em Washington, DC a cimeira internacional sobre a edição do genoma humano e, como
resultado desta cimeira, um esforço internacional liderado pelos EUA, Reino Unido e China
para harmonizar a regulamentação da aplicação das tecnologias de edição do genoma
(LaBarbera, 2016).

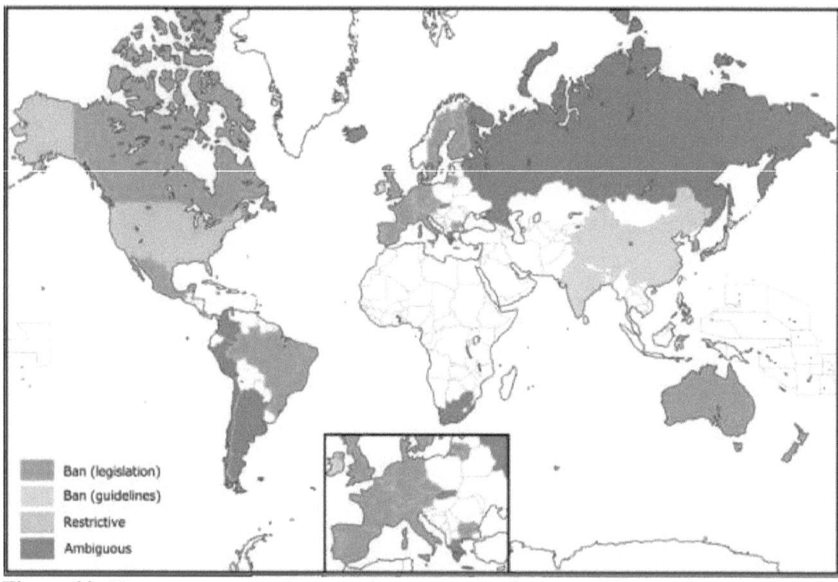

Figura 20: Um panorama regulamentar internacional sobre a modificação de genes da linha
germinal humana.

Trinta e nove países foram inquiridos e classificados como "Ban based on legislation" (25, cor-de-rosa), "Ban based on guidelines" (4, cor-de-rosa ténue), "Ambiguous" (9, cinzento), e "Restrictive" (1, cinzento claro). Os países não coloridos foram excluídos neste inquérito (Motoko & Tetsuya, 2014).

Por outro lado, muitos grupos de bioética e de investigação acreditam que a investigação que utiliza a edição genética em embriões é importante por várias razões, e poderia ser realizada desde que se cumpram numerosas condições. A razão mais significativa é que a edição de genomas em embriões humanos aborda como questões científicas sobre biologia humana, desde que , por enquanto, não seja utilizada para fins reprodutivos (Human Genome Editing: Science, Ethics, and Governance, 2017).

De facto, alguns países já autorizaram a edição do genoma:

- Embriões não viáveis (aqueles que não poderiam resultar num nascimento vivo)
- Embriões viáveis ou não viáveis derivados de FIV, ou embriões criados especificamente para investigação.

A pronunciada declaração de "avançar" para alterar os embriões humanos é observada sob uma variedade de condições, incluindo a ausência de tratamento para as doenças transportadas e quando são cumpridas garantias de segurança suficientes. Nos EUA, tanto a Academia Nacional de Medicina como a Academia Nacional de Ciências permitiram estas alterações genéticas sob condições e restrições à utilização para evitar qualquer potencial utilização indevida (Ewen, 2016) (Cyranoski & Reardon, 2017). Outra condição é limitar a investigação básica in vitro com embriões humanos doados aos primeiros 14 dias de desenvolvimento e não permitir a transferência de embriões utilizados na investigação para uma mulher ou qualquer outro animal. Tais restrições estão em vigor em vários países, incluindo os Estados Unidos (embora a investigação embrionária não possa ser financiada pelo NIH), a China e vários países europeus como o Reino Unido e a Suécia (onde os investigadores obtiveram recentemente autorização das respectivas autoridades para utilizar o CRISPR para modificar geneticamente embriões humanos para fundamental). Tanto o Reino Unido como a Suécia têm regulamentos explícitos quando se trata de utilizações reprodutivas de qualquer gameta ou embrião que tenha sido sujeito a investigação científica ou tratamento para induzir a modificação genética hereditária. Têm também declarações políticas claras sobre as condições que devem ser cumpridas por qualquer investigação que envolva células da linha germinal. Além disso, no caso do Reino

Unido, existe uma organização especializada, a Human Fertilization and Embryology Authority (HFEA), que se dedica à autorização e monitorização deste tipo de investigação, bem como a qualquer potencial aplicação clínica que envolva a utilização de óvulos, espermatozóides ou embriões humanos. (Plaza Reyes & Lanner, 2017).

Dos inquéritos estudados em todos os países, a edição genética CRISPR em embriões está embebida numa variedade de políticas reguladoras. Até ao presente, não existem regulamentos internacionais acordados para a edição genética. Por outras palavras, cada país é responsável pela aplicação dos regulamentos actuais de uma forma que se adeqúe à pesquisa de edição genética nele realizada. Para além de avaliar se e em que medida estes regulamentos são adequados (Vogel, 2018).

6.2. Cronologia dos principais acontecimentos relacionados com as preocupações éticas

Quadro 5: CRISPR-Cas9: Cronologia de eventos chave (unkown, 2020)

Data	Evento	Pessoas	Lugares	Ciências
26 Mar 2015	Cientistas americanos apelam a uma moratória mundial voluntária sobre a utilização de ferramentas de edição de genomas para modificar células reprodutivas humanas	Lamphier, Urnov		CRISPR-Cas9, edição Gene, dedos de zinco
15 de Abril de 2015	Os Institutos Nacionais de Saúde declararam que não financiarão qualquer utilização de tecnologias de edição de genomas em embriões humanos			CRISPR-Cas9, Edição Gene, Reprodução
22 de Abril de 2015	UK Nuffield Council on Bioethics lançou um novo grupo de trabalho para analisar as políticas e			CRISPR-Cas9, edição Gene

Data	Descrição			
	disposições institucionais, nacionais e internacionais relevantes para a edição do genoma			
1 de Maio de 2015	Primeiro relatório de genes editados em embriões humanos suscitou um debate ético global sobre a tecnologia de edificação de genes	Huang, Liang, Xu, Zhang	Universidade Sun Yat-sen	CRISPR-Cas9, edição Gene
2 Set 2015	Os principais conselhos de investigação do Reino Unido, incluindo o MRC, declararam apoio à utilização do CRISPR-Cas9 e outras técnicas de edição do genoma na investigação pré-clínica			CRISPR-Cas9, edição Gene
11 Set 2015	O Grupo Hinxton emite uma declaração indicando que a maioria das questões éticas e morais levantadas sobre o CRISPR e a edição genética já foram debatidas anteriormente			CRISPR-Cas9, edição Gene
15 Set 2015	UK Nuffield Council on Bioethics realizou o seu primeiro workshop para identificar e definir questões éticas relacionadas com a evolução da			CRISPR-Cas9, edição Gene

Data	Descrição			
	investigação sobre a edição do genoma			
18 Set 2015	Cientistas britânicos procuraram licença para modificar geneticamente embriões humanos para estudar o papel desempenhado pelos genes nos primeiros dias de fertilização humana	Naikan	Instituto Crick	CRISPR-Cas9, edição Gene
6 Out 2015	O Comité Internacional de Bioética da UNESCO apelou à proibição da edição genética da linha germinal humana			CRISPR-Cas9, edição Gene
1 Dez 2015	A Cimeira Internacional sobre Edição do Género Humano reuniu-se para discutir as questões científicas, médicas, éticas e de governação associadas aos recentes avanços na investigação da edição do género humano	Baltimore, Doudna, Igreja, Zhang	Academias Nacionais de Ciência, Engenharia e Medicina dos EUA, Academia Nacional de Medicina dos EUA, Academia Chinesa de Ciências, Sociedade Real	CRISPR-Cas9, edição Gene
1 Fev 2016	Cientistas britânicos autorizados a modificar geneticamente embriões humanos utilizando o CRISPR-Cas 9	Niakan	Instituto Crick	CRISPR-Cas9

Data	Descrição	Autores	Instituição	Temas
16 de Maio de 2016	Cientistas americanos publicam nova técnica de edição de base oferecendo meios para alterar o genoma sem necessidade de clivagem de ADN de dupla cadeia ou para um modelo de ADN de dador	Komor, Kim, Packer, Zuris, Liu	Universidade de Harvard	CRISPR-Cas9, edição Gene
21 Jun 2016	2016: NIH dá luz verde ao primeiro ensaio clínico utilizando a ferramenta de edição genética CRISPR/Cas 9 para tratar pacientes	Junho	Universidade da Pennsylvania	CRISPR-Cas9, edição Gene, terapia Gene, imunoterapia do cancro
Fev 2017	As Academias Nacionais de Ciência e Medicina dos EUA deram luz verde para prosseguir com o CRISPR em experiências de linha germinal			CRISPR-Cas9, edição Gene
2 Ago 2017	Pesquisa publicada demonstrando a possibilidade de edição de defeitos genéticos em embriões humanos pré-implantados para prevenir doenças cardíacas hereditárias	Hong, Marti-Gutierrez, Park, Mıtalıpov, Kaul, Kim, Amato, Belmonte	Oregon Health & Science University, Salk Institute, Center for Genome Engineering, Seoul National University, China National GeneBank,	CRISPR-Cas9, Reprodução, Cardiovascular, Edição Genética

Data	Descrição	Autores	Instituição	Palavras-chave
Set 2017	ADN de embriões humanos editado usando CRISPR-Cas9 para estudar a causa da infertilidade	Fogarty, McCarthy, Snijders, Powell, Kubikova, Blakeley, Lea, Elder, Wamaitha, Kim, Maciulyte, Kleinjung, Kim, Wells, Vallier, Bertero, Turner, Niakan	Francis Crick Instiitute, Universidade de Cambridge, Universidade de Oxford, Universidade Nacional de Seul	CRISPR-Cas9, Edição Gene, Reprodução
23 Set 2017	Investigadores chineses relatam correcção de gene ligado à talassemia beta, doença sanguínea hereditária, em embriões humanos utilizando a técnica de edição de base	Liang, Ching, Sun, Xie, Xu, Zhang, Xhiong, Ma, Liu, Wang, Fang, Songyang, Zhou, Huang	Universidade Sun Yat-sen, Faculdade de Medicina de Baylor	CRISPR-Cas9, Edição Gene, Reprodução
27 Ago 2018	Lançamento do primeiro ensaio clínico CRISPR-Cas9		Vertex Pharmaceuticals, CRSIPR Therapeutics	CRISPR-Cas9, Gene terapia
24 de Novembro de 2018	Os primeiros bebés editados pelo cientista chinês	Jiankui	Universidade de Ciência e Tecnologia do Sul da China	CRISPR-Cas9, Reprodução
23 Jan 2019	CRISPR-Cas9 utilizado para controlar a herança genética em ratos	Grunwald, Gntz, Poplawski, Xu, Bier, Cooper	Universidade da Califórnia San Diego	CRISPR-Cas9, Genética, Animais transgénicos
30 Dez 2019	Cientista chinês condenado por utilizar CRISPR-Cas9 em bebés humanos	Jiankui	Universidade de Ciência e Tecnologia do Sul da China	Crispr-Cas9, edição Gene,

| 4 Mar 2020 | O primeiro paciente recebeu terapia de edição genética com CRISPR directamente administrada no corpo | Pennesi | Universidade de Saúde e Ciência de Oregon | Crispr-Cas9, edição Gene, Oftalmologia, Terapia Genética |

CRISPR

em números

Capítulo 7: CRISPR em números

7.1. CRISPR e a doença

A capacidade de alterar facilmente os genes é a chave para a descoberta de curas para numerosas doenças. A investigação CRISPR sobre doenças específicas aumentou no último ano, especialmente relacionadas com o cancro, VIH, e hepatite (Figura 19) (Desconhecido, 2016).

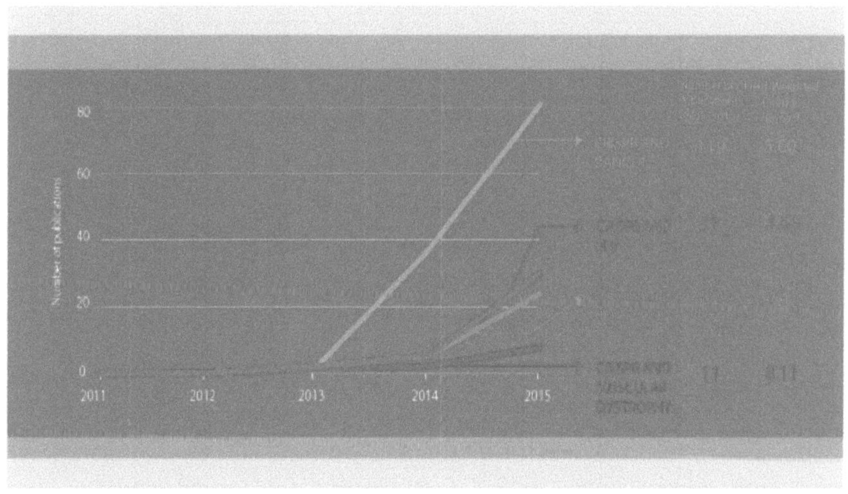

Figura 21: CRISPR e doenças (Desconhecido, 2016).

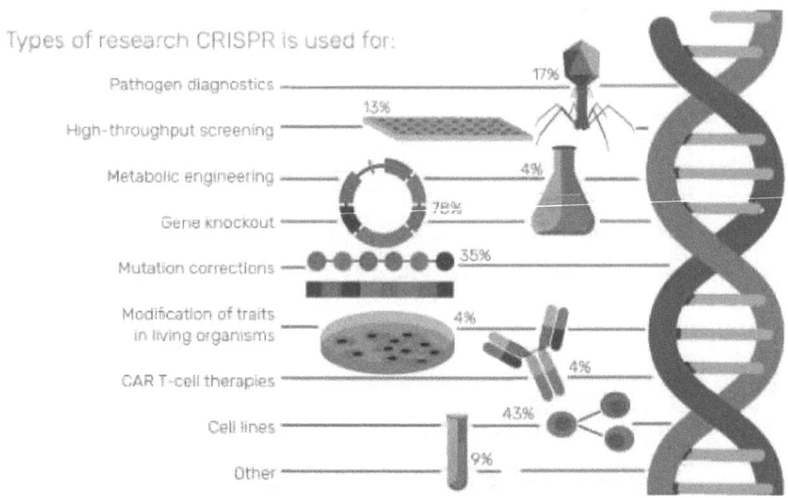

Figura 22: Inquérito sobre tipos de investigação O CRISPR é utilizado para (CRISPR infográfico, 2019).

7.2. Publicações

Abaixo do destaque dos gráficos demonstra o crescimento exponencial das publicações e o interesse pela tecnologia CRISPR ao longo dos últimos anos. O número de publicações relacionadas com o CRISPR aumentou drasticamente. Em 2015, o número de artigos relacionados com o CRISPR quase triplicou em comparação com as outras técnicas de engenharia genética (figura 24). É agora um dos campos mais quentes do mundo. Em 2011, havia menos de 100 artigos publicados sobre o CRISPR. Numa estatística recente em 2019, haviamais de 17.000 e acontar (Victor, & al, 2019).

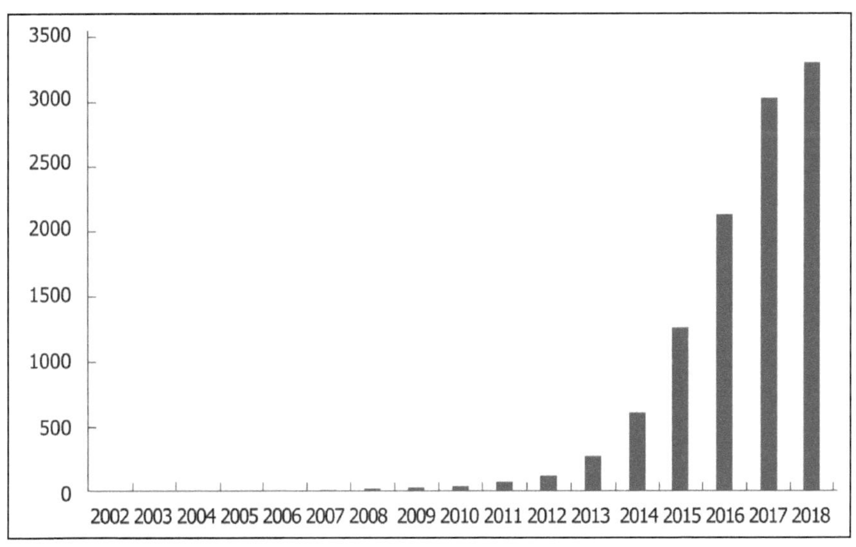

Figura 23: Número de publicações do CRISPR por ano

(Victor, *& al*, 2019).

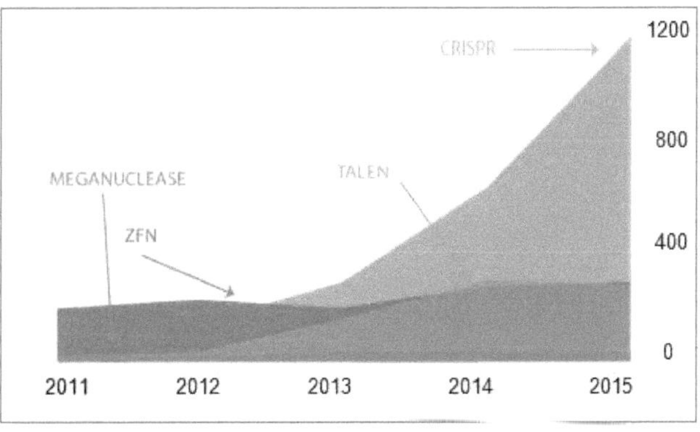

7.3. Produção do país no CRISPR (2011-2015)

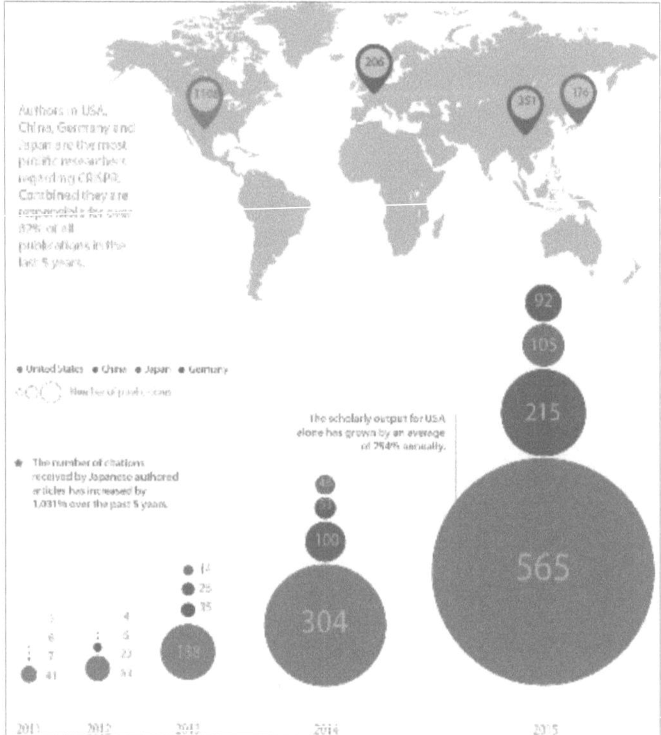

Figura 25: Produção académica por ano (Desconhecido, 2016)

7.4. CRISPR e negócios

Múltiplas empresas iniciantes têm trabalhado no CRISPR em diferentes áreas de aplicação, incluindo terapêutica humana, ferramentas de investigação, culturas, gado, iogurtes, queijo, e mais. O laboratório de Zhang é um destes startups, é um dos principais actores na história do CRISPR, e laboratórios como estes últimos fornecem plasmídeos CRISPR para knock-outs, activação transcripcional e outras aplicações. Estes plasmídeos podem ser obtidos através do Addgene, um repositório de plasmídeos sem fins lucrativos dedicado a melhorar a investigação das ciências da vida. Informação adicional sobre materiais pode ser encontrada no   website do laboratório Zhang (Destaques da investigação: CRISPR, 2019).

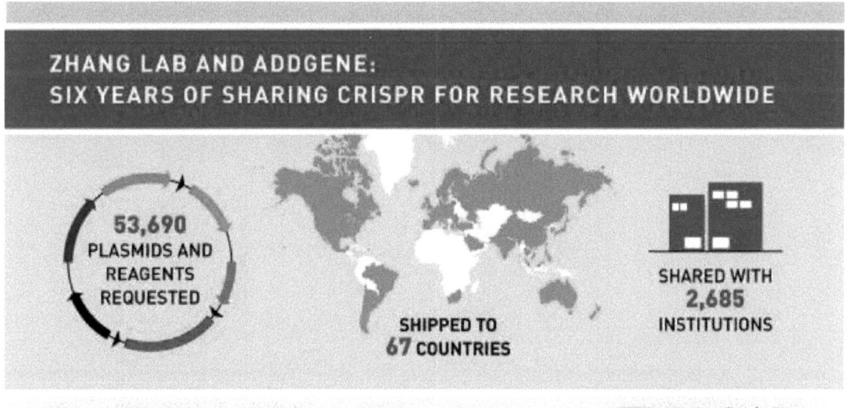

Figura 26: países que enviaram CRISPR de Zhang LAB e ADDGENE (Destaques da investigação: CRISPR, 2019).

7.5. Mercado CRISPR

O potencial da edição do gene CRISPR-Cas9 é claramente demonstrado no rápido aumento do financiamento da investigação federal relacionada com o CRISPR e nas publicações científicas. Como se mostra no Quadro 6. Estima-se que o mercado de edição genética do CRISPR em 2017 foi de 477 milhões de dólares e projecta-se que atingirá 4,271 mil milhões de dólares em 2024, Mais de 30 mil milhões de dólares apenas 7 anos, um número nunca antes alcançado por uma descoberta científica, nesse curto espaço de tempo. As áreas de aplicação incluem terapêutica humana, ferramentas de investigação, culturas, gado, iogurtes, queijos, e muito mais (Gallo, *& al,* 2018).

Fiscal Year	Projects	Total Funding
2011	7	$5,070,129
2012	9	$7,432,520
2013	30	$12,505,507
2014	161	$85,298,742
2015	551	$267,055,410
2016	1,245	$603,205,999
2017	2,031	$947,465,783
2018	2,651	$1,155,385,840
Total	**6,685**	**$3,083,419,930**

Quadro 6: Financiamento do CRISPR-Related Research 2011-2018 pelos NIH

(Gallo, & *al,* 2018).

Conclusão

Conclusão

A edição do genoma está a ter um efeito transformador em muitas áreas da investigação biológica. Está a ser amplamente utilizada e propagou-se rapidamente devido às vantagens que oferece a quem a utiliza: é acessível e fácil de usar; dá resultados mais rápidos; é eficiente em fazer edições precisas ao ADN; e oferece a perspectiva de fazer estas edições em múltiplos locais do genoma num único procedimento.

Resumindo, CRISPR tem as suas vantagens e desvantagens que vão desde as preocupações éticas até ser conhecido como a forma mais rápida, mais barata e mais precisa de editar genes. Este avanço científico tem a capacidade de eliminar doenças, resolver a fome no mundo, fornecer energia limpa ilimitada. O CRISPR deu-nos potencialmente acesso directo ao código fonte da vida e, ao mesmo tempo, deu uma grande quantidade de esperança a milhares de milhões de pessoas. (Doudna & Charpentier, 2014). A capacidade promissora da tecnologia para produzir resultados é uma das principais razões pelas quais tantos investidores estão a gastar milhões de dólares com ela, de facto o sector a que a CRISPR pertence está a viver uma espécie de "corrida ao ouro" devido a todos os investimentos em dólares (Vezér, 2017). A adição de oitenta por cento das doenças raras é causada por genes defeituosos, tal como mencionado na Organização das Doenças Raras. Só estes números mostram o enorme impacto que a tecnologia teria nas nossas vidas se fosse utilizada de forma apropriada e pelas razões certas. O sucesso com a implementação permanente da tecnologia irá definitivamente mudar o mundo e torná-lo um lugar melhor para se viver.

A acrescentar aos cientistas estão a trabalhar dia e noite tentando reduzir os erros que o CRISPR traz consigo e em pouco tempo começará a ser aplicado num ambiente clínico. O CRISPR tem uma taxa de sucesso muito maior do que as outras tecnologias de nuclease quando se trata de cortar o ADN no local certo. Quando uma tecnologia é tão revolucionária e tão simples de usar que não pode ser engarrafada, a ciência avançará para que a humanidade possa beneficiar como resultado. Em resumo, há ainda mais procedimentos que envolvem a edição de genes, sendo maior a orientação ou debate sobre o próximo passo na edição de genes ou sobre o que é possível (Doudna & Charpentier, 2014).

Referências

Referências

Bagley, M. (2013, 11 de Outubro). *Biografia de James Watson: Co-descobridor da dupla Hélice do ADN*.Récupéré sur LiveScience : https://www.livescience.com/40380-james-watson-biography.html

Baliou, S., Adamaki, M., Kyriakopoulos, A., Spandidos, D., Panagiotidis, M., Christodoulou, I., et al. (2018). CRISPR therapeutic tools for complex genetic disorders and cancer (Revisão). *International Journal of Oncology* .

Barrangou, R. (2015). O papel dos sistemas CRISPR-Cas na imunidade adaptativa e mais além. *Current Opinion in Immunology* , 36-41.

Barrangou, R. (2015). O papel dos sistemas CRISPR-Cas na imunidade adaptativa e mais além. *Current Opinion in Immunology* , 36-41.

Barrangou, R., & Doudna, J. A. (2016). Aplicações das tecnologias CRISPR na investigação e mais além. *Biotecnologia da Natureza* , 933-941.

Barrangou, R., & Doudna, J. A. (2016). Aplicações das tecnologias CRISPR na investigação e mais além. *Biotecnologia da Natureza* , 933-941.

Bloco, M. (2020). Actualização do Coronavirus (COVID-19): Daily Roundup 7 de Maio de 2020. US Food and Drug Administration , https://www.fda.gov/news-events/press-announcements/coronavirus-covid-19-update-daily-roundup-may-7-2020.

Brokowski, C., & Adli, M. (2018). Ética CRISPR: Considerações morais para aplicações de uma ferramenta poderosa. *Journal of Molecular Biology* , S00222828363618305862.

Ceasar, S. A., Rajan, V., Prykhozhij, S. V., Berman, J. N., & Ignacimuthu, S. (2016). Inserir, remover ou substituir: um sistema de edição de genoma altamente avançado usando CRISPR/Cas9. *Biochimica et Biophysica Acta (BBA) - Molecular Cell Research* , S0167488916301781.

Cavaliere, G. (2019). The Ethics of Human Genome Editing (A Ética da Edição do Genoma Humano). *Comité Consultivo de Peritos da OMS para o Desenvolvimento de Normas Globais de Governação e Supervisão da Edição do Genoma Humano*, 19.

Chen, J. S., & Doudna, J. A. (2017). A química da Cas9 e dos seus colegas do CRISPR. *Nature Reviews Chemistry* , 0078.

Chen, Y., Cao, J., Xiong, M., Petersen, A. J., Dong, Y., Tao, Y., et al. (2015). Engenharia de Linhas de Células-Tronco Humanas com Eliminação Inducivel de Gene usando CRISPR/Cas9. Célula *estaminal*, S1934590915002611.

Chen, S., Lee, B., Lee, A. Y.-F., Modzelewski, A. J., & He, L. (2016). Highly Efficient Mouse Genome Editing by CRISPR Ribonucleoprotein Electroporation of Zygotes. *Journal of Biological Chemistry* , jbc.M116.733154.

Cheng, A. W., Wang, H., Yang, H., Shi, L., Katz, Y., Theunissen, T. W., et al. (2013). Activação multiplexada de genes endógenos por CRISPR-on, um sistema activador transcricional guiado por RNA. *Cell Research* , 1163-1171.

Chylinski, K., Le Rhun, A., & Charpentier, E. (2013). As famílias TracrRNA e Cas9 dos sistemas de imunidade tipo II CRISPR-Cas. *Biologia do RNA* , 726-737.

Clara C. Hildebrandt, M. a. (2018). Justiça no CRISPR/Cas9 Investigação e Aplicações Clínicas. *The AMA Journal of Ethic* , E826-833.

Cong, L., Ran, F. A., Cox, D., Lin, S., Barretto, R., Habib, N., et al. (2013). Engenharia de Genoma Multiplex Utilizando Sistemas CRISPR/Cas. *Ciência* , 819-823.

Cox, D. B., Gootenberg, J. S., Abudayyeh, O. O. O., Franklin, B., Kellner, M. J., Joung, J., et al. (2017). Edição de RNA com CRISPR-Cas13. *Science* , eaaq0180.

CRISPR infográfico. (2019, Agosto 07). Recuperado da Biotecnologia: https://www.biotechniques.com/crispr/crispr-infographic/

Cyranoski, D., & Reardon, S. (2017). Os cientistas chineses modificam geneticamente os embriões humanos. *Notícias da Natureza* .

ADN: Definição, Estrutura e Descoberta. (2017, 7 de Dezembro). Récupéré sur LiveScience: https://www.livescience.com/37247-dna.html

Doudna, J. (2015, Novembro). *Como o CRISPR nos permite editar o nosso ADN | Jennifer Doudna.* TEDTalks.

Doudna, J. A., & Charpentier, E. (2014). A nova fronteira da engenharia do genoma com CRISPR-Cas9. *Science* , 1258096.

Doudna, J. A., & Charpentier, E. (2014). A nova fronteira da engenharia do genoma com CRISPR-Cas9. *Ciência* .

Doudna, J. A., & Charpentier, E. (2014). A nova fronteira da engenharia do genoma com CRISPR-Cas9. *Science* , 1258096.

Doudna, J. (2015, Setembro). *Como o CRISPR nos permite editar o nosso ADN.* TED GLOBAL, Londres, Inglaterra.

Dr. Tomislav Meštrović. (2018). CRISPR: Preocupações Éticas e de Segurança. *Notícias médicas e ciências da vida* .

Eastman, A., & Barry, M. A. (1992). The Origins of DNA Breaks: A Consequence of DNA Damage, DNA Repair, or Apoptosis? *Cancer Investigation* , 229-240.

Ewen, C. (2016). Cientistas britânicos ganham licença para editar genes em embriões humanos. *Notícias da Natureza* .

Fairley, P. (2011). Introdução: A próxima geração de biocombustíveis. *Natureza* .

Anemia de Fanconi. (2014). Récupéré sur National Organization for Rare Disorders: https://rarediseases.org/rare-diseases/fanconi-anemia/#references

Fellmann, C., Gowen, B. G., Lin, P.-C., Doudna, J. A., & Corn, J. E. (2016). Cornerstones of CRISPR-Cas in drug discovery and therapy. *Nature Reviews Drug Discovery* , 89-100.

Fundação Fighting Blindness . (2017). Récupéré sur Leber Congenital Amaurosis: https://www.fightingblindness.org/diseases/leber-congenital-amaurosis-lca?gclid=CjwKCAjw8-

LnBRAyEiwA6eUMGhFStdyf4T4DnOpEYOAXnVEjn3kKOZouRH5r1LzoG08m9WQjbW
_Y3BoCR9gQAvD_BwE#living

Francis S. Collins. (2015, 28 de Abril). *Declaração sobre o financiamento do NIH à investigação utilizando tecnologias de edição de genes em embriões humanos*. Récupéré sur National Institutes of Health (NIH): https://www.nih.gov/about-nih/who-we-are/nih-director/statements/statement-nih-funding-research-using-gene-editing-technologies-human-embryos

(2017). *Edição de Genoma Humano: Ciência, Ética, e Governação*. Academias Nacionais de Ciências / Medicina.

Gallo, M. E., Sarata, A. K., Sargent Jr., J. F., & Tadlock, C. (2018). *Edição Avançada de Gene: CRISPR-Cas9*. Serviço de Investigação do Congresso.

Gasiunas, G., Barrangou, R., Horvath, P., & Siksnys, V. (2012). O complexo Cas9-crRNA ribonucleoproteína medeia a clivagem específica do ADN para a imunidade adaptativa em bactérias. *Actas da Academia Nacional das Ciências* , E2579-E2586.

Gilbert, J. A., Larson, M. H., Morsut, L., Liu, Z., Brar, G. A., Torres, S. E., et al. (2013). CRISPR-Mediated Modular RNA-Guided Regulation of Transcription in Eukaryotes. *Célula* , 442-451.

Guglielmi, G. (2020). Primeiro teste CRISPR para o coronavírus aprovado nos Estados Unidos. Natureza .

HASHIMOTO, M., YAMASHITA, Y., & TAKEMOTO, T. (2016). A electroporação da proteína Cas9/sgRNA em zigotos pronucleares precoces gera mutantes não mosaicos no rato. *Biologia do desenvolvimento* , 1-9.

Heidi, L. (2019). CRISPR bebés: quando é que o mundo estará pronto? *Natureza* .

Hilton, I. B., D'Ippolito, A. M., Vockley, C. M., Thakore, P. I., Crawford, G. E., Reddy, T. E., et al. (2015). A edição epigenome por uma acetiltransferase baseada em CRISPR-Cas9 activa genes de promotores e melhoradores. *Nature Biotechnology* , 510 517.

Huang, C.-H., Shen, C. R., Li, H., Sung, L.-Y., Wu, M.-Y., & Hu, Y.-C. (2016). CRISPRi (CRISPRi) para regulação genética e produção de succinatos em cyanobacteriumS. elongatusPCC 7942. *Fábricas de Células Microbianas* , 196.

Illman, J. (2017, 10 de Maio). *Linha do tempo da descoberta científica: edição de genes*.Récupéré sur HEALTHCARE: https://www.raconteur.net/healthcare/timeline-of-scientific-discovery-gene-editing

Jennifer A. Doudna, E. C. (2012, juin 28). *Uma Endonuclease Programmable Dual-RNA-Guided DNA em Adaptive Bacterial Bacterial Immunity*. revista científica.

Komor, A. C., Badran, A. H., & Liu, D. R. (2016). CRISPR-Based Technologies for the Manipulation of Eukaryotic Genomes (Tecnologias Baseadas no CRISPR para a Manipulação de Genomas Eucarióticos). *Cell* , S0092867416314314659.

Komor, A. C., Badran, A. H., & Liu, D. R. (2016). CRISPR-Based Technologies for the Manipulation of Eukaryotic Genomes (Tecnologias Baseadas no CRISPR para a Manipulação de Genomas Eucarióticos). *Cell* , S0092867416314314659.

Komor, A. C., Zhao, K. T., Packer, M. S., Gaudelli, N. M., Waterbury, A. L., Koblan, L. W., et al. (2017). Melhora da inibição da reparação da excisão de base e da proteína bacteriófaga Mu Gam produz C:G-to-T:A editores de base com maior eficiência e pureza do produto. *Science Advances* , eaao4774.

Kotagama, O. W., Jayasinghe, C. D., & Abeysinghe, T. (2019). Era da Medicina Genómica: A Narrative Review on CRISPR Technology as a Potential Therapeutic Tool for Human Diseases (Uma Revisão Narrativa sobre a Tecnologia CRISPR como Potencial Ferramenta Terapêutica para as Doenças Humanas). *BioMed Research International* , 1-15.

LaBarbera, A. R. (2016). Actas da Cimeira Internacional sobre a Edição do Género Humano: uma discussão global-Washington, D.C.,. *Journal of Assisted Reproduction and Genetics* , 1123-1127.

Lanphier, E., Urnov, F., Haecker, S. E., Werner, M., & Smolenski, J. (2015). Lanphier, Edward; Urnov, Fyodor; Haecker, Sarah Ehlen; Werner, Michael; Smolenski, Joanna. *Nature* , 410-411.

Ledford, H. (2015). CRISPR, o disruptor. *Natureza* .

Li, G., Fan, Y., Lai, Y., Han, T., Li, Z., Zhou, P., et al. (2020). Infecções por Coronavírus e Respostas Imunológicas. Journal of Medical Virology , jmv.25685.

Li, W. (2020). ICYMI: O papel do CRISPR na luta contra a COVID-19. SOCIEDADE PARA A CIÊNCIA E O PÚBLICO .

Lino, C. A., Harper, J. C., Carney, J. P., & Timlin, J. A. (2018). Delivering CRISPR: a review of the challenges and approaches. *Entrega de medicamentos* , 1234-1257.

Liang, P., Xu, Y., Zhang, X., Ding, C., Huang, R., Zhang, Z., et al. (2015). CRISPR/Cas9 - edição genética mediada em zigotos tripronucleares humanos. *Proteína e célula* , 363-372.

Ma, H., Marti-Gutierrez, N., Park, S.-W., Wu, J., Lee, Y., Suzuki, K., et al. (2017). Correcção de uma mutação de um gene patogénico em embriões humanos. *Natureza* .

Ma, H., Naseri, A., Reyes-Gutierrez, P., Wolfe, S. A., Zhang, S., & Pederson, T. (2015). Rotulagem multicolor CRISPR de loci cromossómico em células humanas. *Actas da Academia Nacional das Ciências* , 3002-3007.

MARKOSSIAN, S., & FLAMANT, F. (2016). CRISPR/Cas9: um avanço na geração de mousemodelos para endocrinologistas. Diário de endocrinologia molecular.

Maxmen, A. (2019). Uma poderosa ferramenta de edição de genes poderia ajudar a diagnosticar doenças como a febre de Lassa precocemente e a controlar a propagação da infecção. *Natureza* .

Mehravar, M., Shirazi, A., Nazari, M., & Banan, M. (2018). Mosaicismo no CRISPR/Cas9- mediated Genome editing. *Biologia do Desenvolvimento* , S00121606 18302513.

MIDIC, U., HUNG, P.-H., VINCENT, K. A., GOHEEN, B., SCHUPP, P. G., CHEN, D. D., et al. (2017). Avaliação quantitativa do tempo, eficiência, especificidade e mosaicismo genético da edição genética CRISPR/Cas9 do gene da hemoglobina beta em embriões de macacos rhesus. *Genética molecular humana* .

Motoko, A., & Tetsuya, I. (2014). Panorama normativo internacional e integração da edição correctiva do genoma na fertilização in vitro. *Biologia Reprodutiva e Endocrinologia* .

Osborn, M. J., Gabriel, R., Webber, B. R., DeFeo, A. P., McElroy, A. N., Jarjour, J., et al. (2015). Fanconi Anemia Gene Editing by the CRISPR/Cas9 System. *Terapia do Gene Humano* , 114-126.

Perlman, S. (24 de Janeiro de 2020). Outra Década, Outro Coronavírus. O novo England Journal of Medicine .

Pichavant, C., Aartsma-Rus, A., Clemens, P. R., Davies, K. E., Dickson, G., Takeda, S., et al. (2011). Situação Actual das Abordagens Terapêuticas Farmacêuticas e Genéticas para o Tratamento da DMD. *Terapia Molecular* , 830-840.

Plaza Reyes, A., & Lanner, F. (2017). Rumo a uma visão CRISPR do desenvolvimento humano precoce: aplicações, limitações e preocupações éticas da edição de genomas em embriões humanos. *Desenvolvimento (The Company of Biologists)* , 3-7.

Perguntas e respostas sobre os coronavírus (COVID-19). (2020). Organização Mundial de Saúde .

Qi, L. S., Larson, M. H., Gilbert, L. A., Doudna, J. A., Weissman, J. S., Arkin, A. P., et al. (2013). Repurpose CRISPR as an RNA-Guided Platform for Sequence-Specific Control of Gene Expression. *Cell* , 1173-1183.

R.ShenChun, HungHuangLi, YuSungMeng, YingWuYu, ChenHu, & HungLiClaire. (2016). CRISPR-Cas9 para a engenharia genómica de cianobactérias e produção de succinatos. *Metabolic Engineering* , 293-302.

Destaques da investigação: CRISPR. (2019). Récupéré sur BROAD INSTITUTE: https://www.broadinstitute.org/research-highlights-crispr

Rees, H. A., Komor, A. C., Yeh, W.-H., Caetano-Lopes, J., Warman, M., Edge, A. S., et al. (2017). Melhorar a especificidade do ADN e a aplicabilidade da edição de base através da engenharia de proteínas e do fornecimento de proteínas. *Nature Communications* , 15790.

Ren, J., & Zhao, Y. (2017). Avanço da terapia celular quimérica do receptor de antigénios T com CRISPR/Cas9. *Proteína e célula* .

Ricroch, A., Clairand, P., & Harwood, W. (2017). Utilização dos sistemas CRISPR na edição do genoma das plantas: rumo a novas oportunidades na agricultura. *Tópicos emergentes em Ciências da Vida* , 169-182.

Ross, R. (2019, 1 de Fevereiro). *O que é a Modificação Genética?*Récupéré sur LiveScience: https://www.livescience.com/64662-genetic-modification.html

Rotem Sorek, V. K. (2008). *CRISPR - um sistema generalizado que proporciona resistência adquirida contra fagos em bactérias e arquebactérias*. Grupo editorial NATUREZA.

Ruan, G.-X., Barry, E., Yu, D., Lukason, M., Cheng, S. H., & Scaria, A. (2017). CRISPR/Cas9-Mediated Genome Editing as a Therapeutic Approach for Leber Congenital Amaurosis 10. *Nature Publishing Group* , 331-341.

Saey, T. H. (2017). As terapias de edição de genes humanos são OK em certos casos, aconselha o painel. *Notícias científicas* .

Sander, J. D., & Joung, J. K. (2014). CRISPR-Cas sistemas de edição, regulação e selecção de genomas. *Nature Biotechnology* , 347-355.

Savić, N., & Schwank, G. (2015). Avanços na edição terapêutica do genoma CRISPR/Cas9. *Investigação Translacional* .

Schwank, G., Koo, B.-K., Sasselli, V., Dekkers, J. F., Heo, I., Demircan, T., et al. (2013). Reparação Funcional do CFTR por CRISPR/Cas9 em Organóides de Células Estaminais Intestinais de Pacientes com Fibrose Cística. *Células estaminais* .

ciência. (2017). Récupéré sur New Cancer Treatment: https://www.yescartahcp.com/science-behind-new-cancer-treatment#about-yescarta

Shah, S. A , Erdmann, S., Mojica, F. J., & Garrett, R. A. (2013). Motivos de reconhecimento do protospacer. *RNA Biologia* , 891-899.

Shapiro, B. (2015). Mammoth 2.0: a engenharia do genoma irá ressuscitar espécies extintas? *Biologia do Genoma* , 228.

Shin, J. W., Kim, K.-H., Chao, M. J., Atwal, R. S., Gillis, T., MacDonald, M. E., et al. (2016). Activação permanente da mutação da doença de Huntington através de CRISPR/Cas9 personalizado para alelos específicos. *Human Molecular Genetics* , 4566-4576.

Sinan Al-Attar, E. R. (2011, 27 de Dezembro). Repetidos palíndromos curtos (CRISPRs) agrupados regularmente entrelaçados: a marca de um engenhoso mecanismo de defesa antiviral em procariotas. *Química Biológica* .

Staedter, T. (2017). Poderá o CRISPR farejar os vírus? *Live Science* .

Tang, L., Zeng, Y., Du, H., Gong, M., Peng, J., Zhang, B., et al. (2017). Edição de genes CRISPR/Cas9-mediated em zigotos humanos usando a proteína Cas9. *Molecular Genetics and Genomics* , 525-533.

Tong, S., Moyo, B., Lee, C. M., Leong, K., & Bao, G. (2019). Materiais de engenharia para entrega in vivo de maquinaria de edição de genoma. *Materiais de Revisão da Natureza* .

Desconhecido. (2016). *CRISPR: Será que soletra o fim do cancro, do VIH e de outras doenças que mutam os genes?* Récupéré sur ELSEVIER: https://www.elsevier.com/research-intelligence/campaigns/crispr

Desconhecido. (2017, Agosto 03). *quais são as preocupações éticas da edição do genoma?* Récupéré sur National Human Genome Research Institute: https://www.genome.gov/about-genomics/policy-issues/Genome-Editing/ethical-concerns

não conhecido. (2020). *CRISPR-Cas9: Cronologia de eventos chave*. Récupéré sur O que é a Biotecnologia?: https://www.whatisbiotechnology.org/index.php/timeline/science/CRISPR-Cas9/20

Vezér, M. (2017). CRISPR: Adaptação de estratégias de investimento a uma revolução biotecnológica.

Viktor, L., Arpita, V., Lakshmi, S. C., & Dinesh, V. (2019). Aproveitar o potencial da tecnologia de edição de genes usando CRISPR na doença inflamatória intestinal. *World Journal of Gastroenterology* .

Vogel, K. M. (2018, Junho 05). *Crispr torna-se global: Um retrato das regras, políticas e atitudes*. Récupéré sur Bulletin of the Atomic Scientists: https://thebulletin.org/2018/06/crispr-goes-global-a-snapshot-of-rules-policies-and-attitudes/#

Waddington, C. (1957). *A Estratégia dos Genes.*Londres.

Painel da doença de Coronavírus da OMS (COVID-19). (2020). Organização Mundial da Saúde .

Xu, C., Ruan, M., Mahajan, V., & Tsang, S. (2019). Sistemas de Entrega Viral para CRISPR. *Virus* , 28.

Xue, W., Chen, S., Yin, H., Tammela, T., Papagiannakopoulos, T., Joshi, N. S., et al. (2014). CRISPR-mediou a mutação directa dos genes do cancro no fígado do rato. *Natureza* , 380-384.

Yang, S., Chang, R., Yang, H., Zhao, T., Hong, Y., Kong, H. E., et al. (2017). A edição genética CRISPR/Cas9-mediated ameliorates neurotoxicity no modelo de rato da doença de Huntington. *The Journal of clinical investigation* , 2719-2724.

YANG, W., YAN, S., YIN, A., GAO, J., LIU, X. Z., ZHENG, J. L., et al. (2017). A promoção da degradação Cas9 reduz as mutações do mosaico em embriões de primatas não humanos. *Relatórios científicos* .

Yen, S.-T., Zhang, M., Deng, J. M., Usman, S. J., Smith, C. N., Parker-Thornburg, J., et al. (2014). Mosaicismo somático e complexidade de alelos induzidos por injecções de RNA CRISPR/Cas9 em zigotos de rato. *Biologia do Desenvolvimento* , 3-9.

Yin, C., Zhang, T., Qu., X., Zhang, Y., Putatunda, R., Xiao, X., et al. (2017). In Vivo Excision of HIV-1 Provirus by saCas9 and Multiplex Single-Guide RNAs in Animal Models. *Terapia Molecular* .

Yin, L., Hu, S., Mei, S., Sun, H., Xu, F., Li, J., et al. (2018). CRISPR/Cas9 inibe múltiplos etapas da infecção pelo VIH-1. *Terapia Genética Humana* , hum.2018.018.

Zhang, F., Omar, O. A., & Jonathan, S. G. (2020). Um protocolo para a detecção de COVID-19 usando o diagnóstico CRISPR.

Zhang, H., & McCarty, N. (2016). A tecnologia CRISPR-Cas9 e a sua aplicação em doenças hematológicas. *British Journal of Haematology* .

Zhang, Y., Long, C., Li, H., McAnally, J. R., Baskin, K. K., Shelton, J. M., et al. (2017). CRISPR-Cpf1 correcção de mutações da distrofia muscular em cardiomiócitos e ratos humanos. *Science Advances* , e1602814.

Anexos

Tabela: Relatórios internacionais sobre a edição hereditária da linha germinal humana: 2015-2018 (Carolyn, 2018)

Região(ões)	Relatório nº.	Ano	Grupo	Distinção entre	Moratoriuma	Não deve ser	Preocupações	Preocupações de	O melhoram	Dificuldades com o	A opinião pública é	Consenso social
Austrália	1	2018	Conselho Australiano de Academias Aprendidas	+	0	0	+	+	0	0	+	0
Canadá	2	2018	Centro de Genómica e Política, Universidade de McGill e Centro de Inovação	+	0	0	+	+	0	0	+	0
	3	2016	Institutos Canadianos de Investigação em Saúde	+	0	0	+	+	0	0	+	0
Dinamarca	4	2016	Conselho Dinamarquês de Ética	+	0	+	+	+	+	+	0	0
França	5	2017	Aliança VITA	+	0	+	+	+	+	+	0	0
	6	2016	Academia Nacional de Medicina	+	0	+	+	+	0	0	+	0
	7	2016	Instituto Nacional de Saúde e Investigação Médica	+	0	+	+	+	0	0	+	0
Alemanha	8	2017	Conselho Alemão de Ética	+	0	0	+	+	+	0	+	0
	9	2017	Leopoldina, Academia Nacional das Ciências	+	0	+	0	+	+	0	0	0

	19	18	17	16	15	14	13	12	11	10
Região(ões)					Multinacional	Japão	Índia	Grécia		
Relatório nº.	19	18	17	16	15	14	13	12	11	10
Ano	2017	2017	2017	2017	2018	2017	2017	2016	2015	2015
Grupo	Conselho Consultivo Científico das Academias Europeias	Conselho da Europa	Chneiweiss et al.	American Society of Human Genetics et al.	Sociedade Europeia de Genética Humana & Sociedade Europeia de	Conselho Científico do Japão	Conselho de Investigação Médica da Índia	Comissão Nacional Helénica de Bioética	Rede Alemã de Células-Tronco	Academia das Ciências e Humanidades Berlim-Brandenburgo
Distinção entre	+	+	+	+	+	+	+	+	+	+
Moratoriu ma	0	0	-	0	0	0	0	0	+	+
Não deve ser	+	+	0	+	+	+	+	+	+	+
Preocupaç ões	+	+	+	+	+	+	+	+	+	+
Preocupaç ões de	+	+	+	+	+	+	+	+	+	+
O melhoram	0	+	0	0	0	0	0	0	0	0
Dificuldad es com o	0	+	0	+	0	0	0	0	0	+
A opinião pública é	+	+	+	+	+	+	+	+	+	+
Consenso social	+	0	0	0	0	0	0	0	0	0

Região(ões)										
Relatório nº.	29	28	27	26	25	24	23	22	21	20
Ano	2015	2015	2015	2015	2015	2016	2016	2016	2017	2017
Grupo	Intellia Therapeutics & CRISPR Therapeutics	Comité de Direcção Hinxton	Grupo Hinxton	Sociedade Europeia de Genética e Terapia Celular	Sociedade Americana de Genética e Terapia Celular e Sociedade Japonesa	Workshop América Latina	Federação das Academias Europeias de Medicina, Academia Britânica	Grupo Europeu de Ética para as Ciências e as Novas Tecnologias	Federação das Academias Europeias de Medicina	Sociedade Europeia de Genética Humana
Distinção entre	+	+	+	0	+	+	+	0	+	+
Moratoriuma	0	0	0	+	0	−	0	+	−	0
Não deve ser	+	0	+	+	+	0	0	+	+	0
Preocupações	+	+	+	0	+	+	+	+	+	+
Preocupações de	+	+	+	+	+	+	+	+	+	+
O melhoram	0	0	0	0	+	0	0	0	+	0
Dificuldades com o	0	0	0	0	0	0	0	0	0	0
A opinião pública é	+	+	+	0	+	+	+	+	+	+
Consenso social	0	0	0	0	+	+	0	0	0	0

	Reino Unido	Espanha	Noruega	Nova Zelândia		Países Baixos				
Relatório nº.	39	38	37	36	35	34	33	32	31	30
Ano	2017	2016	2016	2017	2016	2017	2015	2015	2015	2015
Grupo	Academia de Ciências Médicas *Ver relatórios números 45 & 46*	Observatório de Bioética e Direito da Universidade de Barcelona	Conselho Consultivo Norueguês de Biotecnologia	Sociedade Real da Nova Zelândia	Academia Real das Artes e Ciências dos Países Baixos	Comissão sobre Modificação Genética e Conselho de Saúde dos Países Baixos46	Cimeira Internacional sobre a Edição do Genoma Humano	Sociedade Internacional para a Investigação de Células-Tronco	Instituto Internacional de Estudos Avançados	Comité Internacional de Bioética, Organização das Nações Unidas
Distinção entre	+	+	+	+	+	+	+	+	+	+
Moratoriuma	0	0	0	0	0	0	0	+	0	+
Não deve ser	–	–	+	0	+	–	+	+	0	+
Preocupações	+	+	+	+	+	+	+	+	+	+
Preocupações de	+	+	+	+	+	+	+	+	+	+
O melhoram	0	+	0	0	0	+	0	0	0	0
Dificuldades com o	0	0	+	+	0	0	0	0	+	0
A opinião pública é	+	+	0	+	+	+	+	+	0	+
Consenso social	0	0	0	0	+	0	+	0	0	0

	49	48	47	46	45	44	43	42	41	40
Região(ões)			Estados Unidos da							
Relatório nº.	49	48	47	46	45	44	43	42	41	40
Ano	2017	2017	2017	2015	2016	2016	2016	2017	2017	2017
Grupo	Organização de Inovação Biotecnológica	American College of Medical Genetics and Genomics	Aliança para a Medicina Regenerativa	Declaração conjunta do Reino Unido	Conselho Nuffield	Conselho Muçulmano da Grã-Bretanha *Ver também o relatório número 45*	Cambridge Public Policy SRI	Sociedade Real	Comissão de Ciência e Tecnologia da Câmara dos Comuns	Genetic Alliance UK & Progress Educational Trust
Distinção entre	+	+	0	+	+	+	+	+	+	+
Moratorium a	0	0	0	0	0	+	0	0	0	0
Não deve ser	+	+	+	0	0	+	0	0	0	0
Preocupações	0	+	0	0	+	0	+	0	+	+
Preocupações de	+	+	+	0	+	0	+	+	+	+
O melhoram	+	0	0	0	0	+	0	0	0	+
Dificuldades com o	0	0	0	0	0	0	+	+	+	0
A opinião pública é	+	+	0	+	+	+	+	+	+	+
Consenso social	0	0	0	0	0	0	0	0	0	0

Região(ões)	59	58	57	56	55	54	53	52	51	50
Relatório nº.										
Ano	2015	2015	2015	2015	2015	2015	2016	2016	2017	2017
Grupo	Instituto da Natureza	Institutos Nacionais de Saúde	Editas Medicina	Centro de Genética e Sociedade	Baltimore et al.	Sociedade Americana de Patologia Investigativa	Sociedade Nacional de Conselheiros Genéticos	Instituto de Medicina Regenerativa da Califórnia	Academias Nacionais de Ciências, Engenharia e Medicina	Merck
Distinção entre	+	+	0	0	+	0	+	+	+	+
Moratoriuma	0	0	0	0	0	+	0	0	0	0
Não deve ser	+	+	0	+	+	+	+	+	+	+
Preocupações	+	0	0	+	+	+	+	+	+	+
Preocupações de	+	+	0	+	+	+	+	+	+	+
O melhoram	0	0	0	+	0	0	0	0	0	0
Dificuldades com o	0	+	0	0	0	0	0	0	+	0
A opinião pública é	0	0	+	+	+	+	0	+	+	0
Consenso social	0	0	0	0	0	0	0	−	0	0

Região(ões)	Relatório nº.	Ano	Grupo	Distinção entre	Moratória[a]	Não deve ser	Preocupações	Preocupações de	O melhoram	Dificuldades com o	A opinião pública é	Consenso social
	60	2015	Sociedade para a Biologia do Desenvolvimento	+	+	+	+	+	+	0	0	0
	61	2015	Casa Branca	+	0	+	0	0	+	0	0	0

+, expressamente declarado; -, expressamente negado; **0**, não expressamente endereçado ou ambíguo.

[a] uma proibição temporária de qualquer actividade.

[b] Relativamente ao facto de o CRISPR-Cas9 funcionar de forma a produzir resultados biológicos esperados sem factores de confusão, tais como edição incorrecta (efeitos fora e dentro do alvo), mosaicismo incompleto, desafios de eficiência e interferência de factores imprevistos e/ou mal compreendidos (por exemplo, eventos epigenéticos, imunitários e ambientais, pleiotropia, e penetração).

[c] Projecto de recomendações.

[d] Actualmente denominada Sociedade Japonesa de Genética e Terapia Celular.

Printed by Books on Demand GmbH, Norderstedt / Germany